本书获国家自然科学基金(编号:51374098)资助

化 工 安 全

主 编 徐 锋 朱丽华
主 审 白 杰

内容提要

本书共分 8 章,内容包括绪论,化工火灾、爆炸及其控制,化工泄漏及其控制,化工职业危害及其控制,化工单元操作安全技术,化工常用特种设备安全技术,化工腐蚀与防护和危险化学品事故应急救援。

本书可作为安全工程、化学工程及相关工程类专业本专科学生的教学用书,也可作为化工领域从事安全生产技术与管理的专业人员的参考用书。

图书在版编目(CIP)数据

化工安全/徐锋,朱丽华主编. —天津:天津大学出版社,2015.5(2017.6 重印)
ISBN 978-7-5618-5310-8

Ⅰ.①化… Ⅱ.①徐… ②朱… Ⅲ.①化工安全 Ⅳ.①TQ086

中国版本图书馆 CIP 数据核字(2015)第 096239 号

出版发行	天津大学出版社
地　　址	天津市卫津路 92 号天津大学内(邮编:300072)
电　　话	发行部:022-27403647
网　　址	publish.tju.edu.cn
印　　刷	北京京华虎彩印刷有限公司
经　　销	全国各地新华书店
开　　本	185mm×260mm
印　　张	12
字　　数	240 千
版　　次	2015 年 5 月第 1 版
印　　次	2017 年 6 月第 2 次
定　　价	29.00 元

凡购本书,如有缺页、倒页、脱页等质量问题,烦请向我社发行部门联系调换

版权所有　　侵权必究

前　言

　　化工行业在国民经济中发挥着重要的作用。然而，化工生产具有生产工艺复杂多变，原材料及产品易燃易爆、有毒有害和有腐蚀性，生产装置大型化、过程连续化和自动化等特点，因此在生产过程中存在着潜在的危险因素，极易发生破坏性的事故。安全生产是化工行业的首要问题。

　　本书从介绍化工生产与安全、化工生产的特点及危险性分析入手，对化工火灾、爆炸及其控制，化工泄漏及其控制，化工职业危害及其控制，化工单元操作安全技术，化工常用特种设备安全技术，化工腐蚀与防护，危险化学品事故应急救援几方面进行了阐述。本书内容全面，兼具系统性和实用性。本书可以作为安全工程、化学工程及相关工程类专业本专科生的教学用书，也可以作为化工领域从事安全生产技术与管理的专业人员的参考用书。

　　本书由黑龙江科技大学的徐锋和朱丽华担任主编，其中第1、3、4、5、6、8章由徐锋编写，第2、7章由朱丽华编写。内蒙古工业大学的白杰教授审阅了全书。本书在编写过程中得到了重庆大学徐龙君教授的大力支持和帮助，在此表示感谢。编写本书时参考了有关专著与文献(见参考文献)，在此，向其作者一并表示感谢。

　　由于编者水平有限、时间仓促，书中难免存在错误和不当之处，敬请专家和广大读者批评指正。

编　者

2014 年 12 月

目 录

1 绪论 …………………………………………………………………… (1)
　1.1 化工生产与安全 ………………………………………………… (1)
　　1.1.1 化学工业发展背景 ………………………………………… (1)
　　1.1.2 安全在化工生产中的重要地位 …………………………… (2)
　1.2 化工生产及化工事故的特点 …………………………………… (3)
　　1.2.1 化工生产的特点 …………………………………………… (3)
　　1.2.2 化工事故的特点 …………………………………………… (4)
　思考题 ………………………………………………………………… (5)

2 化工火灾、爆炸及其控制 ……………………………………………… (6)
　2.1 典型火灾、爆炸的类型与特点 …………………………………… (6)
　2.2 燃烧的相关概念及特征参数 …………………………………… (8)
　　2.2.1 燃烧的相关概念 …………………………………………… (8)
　　2.2.2 燃烧的特征参数 …………………………………………… (10)
　2.3 爆炸的相关概念及爆炸能量计算 ……………………………… (11)
　　2.3.1 爆炸的相关概念 …………………………………………… (11)
　　2.3.2 爆炸能量的相关计算 ……………………………………… (13)
　　2.3.2 爆炸的伤害作用 …………………………………………… (19)
　2.4 惰化防火措施 …………………………………………………… (21)
　　2.4.1 真空惰化 …………………………………………………… (21)
　　2.4.2 压力惰化 …………………………………………………… (23)
　　2.4.3 压力-真空联合惰化 ………………………………………… (24)
　　2.4.4 使用不纯的氮气进行真空和压力惰化 …………………… (24)
　　2.4.5 吹扫惰化 …………………………………………………… (25)
　　2.4.6 虹吸惰化 …………………………………………………… (25)
　2.5 可燃性三角图及应用 …………………………………………… (26)
　2.6 爆炸破坏的防护 ………………………………………………… (30)
　　2.6.1 爆炸封锁 …………………………………………………… (30)
　　2.6.2 泄压防护 …………………………………………………… (30)
　　2.6.3 爆炸抑制 …………………………………………………… (31)
　　2.6.4 惰化 ………………………………………………………… (31)
　　2.6.5 连接和接地 ………………………………………………… (31)

Ⅰ

2.6.6 浸渍管 …………………………………………………………… (32)
 2.7 泄压系统 ………………………………………………………………… (32)
  2.7.1 泄压系统的作用 ……………………………………………………… (32)
  2.7.2 泄压设计步骤 ………………………………………………………… (33)
  2.7.3 泄压设备的位置 ……………………………………………………… (33)
  2.7.4 泄压设备的类型 ……………………………………………………… (35)
  2.7.5 泄放情形 ……………………………………………………………… (37)
  2.7.6 制定泄放尺寸的数据 ………………………………………………… (38)
  2.7.7 泄压系统的安装及泄放物质的安全处置 …………………………… (39)
 思考题 …………………………………………………………………………… (42)

3 化工泄漏及其控制 …………………………………………………………… (43)
 3.1 常见泄漏源及泄漏量计算 ………………………………………………… (43)
  3.1.1 常见泄漏源介绍 ……………………………………………………… (43)
  3.1.2 泄漏量计算 …………………………………………………………… (43)
 3.2 泄漏物质扩散方式及扩散模型 …………………………………………… (58)
  3.2.1 泄漏物质扩散方式及影响因素 ……………………………………… (58)
  3.2.2 泄漏物质扩散模型 …………………………………………………… (60)
 思考题 …………………………………………………………………………… (68)

4 化工职业危害及其控制 ……………………………………………………… (70)
 4.1 职业卫生与职业病概述 …………………………………………………… (70)
  4.1.1 职业卫生 ……………………………………………………………… (70)
  4.1.2 职业病 ………………………………………………………………… (71)
 4.2 工业毒物及职业中毒 ……………………………………………………… (71)
  4.2.1 常见工业毒物及其对人体的危害 …………………………………… (71)
  4.2.2 工业毒物的毒性 ……………………………………………………… (75)
  4.2.3 最高容许浓度与阈限值 ……………………………………………… (78)
 4.3 生产性粉尘及其对人体的危害 …………………………………………… (80)
  4.3.1 生产性粉尘的概念、来源及分类 …………………………………… (80)
  4.3.2 生产性粉尘对人体的危害 …………………………………………… (80)
  4.3.3 生产性粉尘的卫生标准 ……………………………………………… (81)
 4.4 潜在职业危害的辨识 ……………………………………………………… (82)
 4.5 潜在职业危害的评价 ……………………………………………………… (83)
  4.5.1 通过监测对易挥发毒物的暴露进行评价 …………………………… (83)
  4.5.2 员工暴露于粉尘中的评价 …………………………………………… (85)
  4.5.3 员工暴露于噪声中的评价 …………………………………………… (85)
 4.6 职业危害的控制 …………………………………………………………… (87)

4.6.1　个体防护 …………………………………………………………… (87)
　　4.6.2　环境控制 …………………………………………………………… (87)
　思考题 …………………………………………………………………………… (88)
5　化工单元操作安全技术 ………………………………………………………… (89)
　5.1　物料输送 …………………………………………………………………… (89)
　　5.1.1　固体物料的输送 ……………………………………………………… (89)
　　5.1.2　液体物料的输送 ……………………………………………………… (90)
　　5.1.3　气体物料的输送 ……………………………………………………… (93)
　5.2　熔融和干燥 ………………………………………………………………… (95)
　　5.2.1　熔融 …………………………………………………………………… (95)
　　5.2.2　干燥 …………………………………………………………………… (96)
　5.3　蒸发和蒸馏 ………………………………………………………………… (101)
　　5.3.1　蒸发 …………………………………………………………………… (101)
　　5.3.2　蒸馏 …………………………………………………………………… (103)
　5.4　冷却、冷凝和冷冻 ………………………………………………………… (106)
　　5.4.1　冷却和冷凝 …………………………………………………………… (106)
　　5.4.2　冷冻 …………………………………………………………………… (107)
　5.5　筛分和过滤 ………………………………………………………………… (111)
　　5.5.1　筛分 …………………………………………………………………… (111)
　　5.5.2　过滤 …………………………………………………………………… (112)
　5.6　粉碎和混合 ………………………………………………………………… (113)
　　5.6.1　粉碎 …………………………………………………………………… (113)
　　5.6.2　混合 …………………………………………………………………… (113)
　5.7　吸收 ………………………………………………………………………… (114)
　　5.7.1　吸收操作概述 ………………………………………………………… (114)
　　5.7.2　吸收操作运行安全条件分析 ………………………………………… (116)
　5.8　液-液萃取 ………………………………………………………………… (117)
　　5.8.1　萃取操作概述 ………………………………………………………… (117)
　　5.8.2　萃取剂及其选择 ……………………………………………………… (118)
　　5.8.3　萃取设备 ……………………………………………………………… (119)
　　5.8.4　萃取过程的安全控制 ………………………………………………… (120)
　5.9　结晶 ………………………………………………………………………… (122)
　　5.9.1　结晶操作概述 ………………………………………………………… (122)
　　5.9.2　结晶过程机理分析 …………………………………………………… (123)
　　5.9.3　结晶方法介绍 ………………………………………………………… (124)
　　5.9.4　结晶设备分类与选择 ………………………………………………… (125)

5.9.5　结晶过程安全控制 ……………………………………………………… (126)
　思考题 …………………………………………………………………………………… (127)
6　化工常用特种设备安全技术 ………………………………………………………… (128)
　6.1　压力容器安全基础知识 …………………………………………………………… (128)
　　6.1.1　压力容器的分类 …………………………………………………………… (128)
　　6.1.2　压力容器的主要受压元件及安全附件 …………………………………… (129)
　　6.1.3　压力容器的破坏形式 ……………………………………………………… (130)
　6.2　锅炉 ………………………………………………………………………………… (131)
　　6.2.1　锅炉的分类 ………………………………………………………………… (131)
　　6.2.2　锅炉的常见事故及处理 …………………………………………………… (131)
　　6.2.3　锅炉的安全使用 …………………………………………………………… (133)
　6.3　气瓶 ………………………………………………………………………………… (135)
　　6.3.1　气瓶的分类 ………………………………………………………………… (135)
　　6.3.2　钢制气瓶的结构 …………………………………………………………… (136)
　　6.3.3　气瓶的安全管理及使用 …………………………………………………… (138)
　6.4　管道 ………………………………………………………………………………… (139)
　　6.4.1　化工管道分类 ……………………………………………………………… (139)
　　6.4.2　管道的操作、检查和检测 ………………………………………………… (140)
　　6.4.3　管道的安全防护 …………………………………………………………… (142)
　思考题 …………………………………………………………………………………… (143)
7　化工腐蚀与防护 ……………………………………………………………………… (144)
　7.1　腐蚀定义及机理 …………………………………………………………………… (144)
　7.2　腐蚀类型 …………………………………………………………………………… (145)
　7.3　腐蚀防护 …………………………………………………………………………… (147)
　思考题 …………………………………………………………………………………… (148)
8　危险化学品事故应急救援 …………………………………………………………… (149)
　8.1　危险化学品的分类和性质 ………………………………………………………… (149)
　　8.1.1　危险化学品的分类 ………………………………………………………… (149)
　　8.1.2　危险化学品的性质 ………………………………………………………… (149)
　8.2　危险化学品事故 …………………………………………………………………… (154)
　　8.2.1　危险化学品事故定义、类型及分类 ……………………………………… (154)
　　8.2.2　危险化学品事故特点 ……………………………………………………… (156)
　8.3　危险化学品事故应急救援知识 …………………………………………………… (157)
　　8.3.1　危险化学品事故应急救援的基本任务 …………………………………… (157)
　　8.3.2　危险化学品事故应急救援的基本形式 …………………………………… (158)
　　8.3.3　危险化学品事故应急救援的组织与实施 ………………………………… (159)

8.4　危险化学品事故现场救护技术 ……………………………………（163）
　8.4.1　现场救护时伤情判断 ………………………………………（163）
　8.4.2　心肺复苏术 …………………………………………………（164）
　8.4.3　止血术 ………………………………………………………（166）
　8.4.4　包扎术 ………………………………………………………（168）
　8.4.5　固定术 ………………………………………………………（175）
　8.4.6　搬运 …………………………………………………………（176）
思考题 …………………………………………………………………（178）
参考文献 ……………………………………………………………（180）

1 绪论

1.1 化工生产与安全

1.1.1 化学工业发展背景

现代化学工业始于18世纪的法国,随后传入英国。19世纪以煤为基础原料的有机化学工业在德国迅速发展起来。但那时的化学工业规模不大,主要着眼于各种化学品的开发,而且当时的化工过程开发主要是由工业化学家率领、机械工程师参加进行的。到19世纪末20世纪初,石油的开采和大规模炼油厂的兴建为石油化学工业的发展和化学工程技术的产生奠定了基础,由此产生了以"单元操作"为标志的现代化学工业。

20世纪60年代初,新型高效催化剂的问世、新型高级装置材料的出现和大型离心压缩机的研究成功,标志着化工装置大型化进程的开始,从而把化学工业推向了一个新的高度。此后,化学工业过程开发周期缩短至4~5年,放大倍数达500~20 000倍。化学工业过程开发就是把化学实验室的研究结果转变为工业化生产的全过程。它包括实验室研究、模拟、中试、设计、技术经济评价和试生产等许多内容,其核心内容是放大。由于化学工程基础研究的进展和放大经验的积累,特别是化学反应工程理论的迅猛发展,过程开发能够按照科学的方法进行。中间试验不再是盲目地、逐级地,而是有目的地进行。化学工业过程开发的一个重要进展是可以用电子计算机对化学过程进行模拟和放大。中间试验不再像过去那样只是收集产生的关联数据,而是可以对模型进行数学检验并设计试验结果。化学工业开发的趋势是,不一定进行全流程的中间试验,对一些非关键设备和很有把握的过程不必试验,有些可以用计算机在线模拟和控制来代替。

20世纪70年代后,现代化学工程技术渗入了各个加工领域,使生产技术面貌发生了显著变化。而且随着化学工业技术的发展,在给国民经济带来巨大效益的同时,也给环境、资源带来了很多问题,因此能源、原料和环保就成为新时期化学工业所面临的挑战,化学工业进入了一个更为高级的发展阶段。

在原料和能源供应日趋紧张的条件下,化学工业正在通过技术进步尽量减少其对原料和能源的消耗;为了满足整个社会日益增长的能源需求,化学工业正在努力提供新的技术手段,用化学的方法为人类提供更新、更多的能源;为了自身的发展,化学工业也在开辟新的原料来源,为以后的发展奠定丰富的原料基础;随着电子计算机的发展和应用,化学工业正在进入高度自动化的阶段;高新技术的应用也使化学工业生产效率有了显著提高，并使其技术面貌发生了根本性的变化。新技术和新科技的应用，使化学工业对环境的污染得到了进一步的控制，并为改善人类的生产条件做出了新的贡献。

20世纪最后几十年，化学工业在世界范围内取得了长足发展，化学工业渗透到了各个领域。化学工业的发展在很大程度上满足了农业对化肥和农药的需要；塑料和合成橡胶已在材料工业中占据主导地位；医药合成不仅在数量上而且在品种和质量上都有了较大发展。化学工业的发展速度已经超过国民经济的平均发展速度，而且化工产值在国民生产总值中所占的比例不断增大，化学工业已发展成为国民经济的支柱产业。

目前我国的化学工业已经发展成为一个有化学矿山、化学肥料、基本化学原料、无机盐、有机原料、合成材料、农药、感光材料、国防化工、橡胶制品、助剂、试剂、催化剂、化工机械和化工建筑等十五个行业的工业生产部门。化工产品达20 000多种。由于化学工业所包括的种类繁多，而且具有易燃易爆、易引起中毒和腐蚀等性质，故化学工业在促进工农业生产、巩固国防和改善人民生活等方面发挥重要作用的同时，也面临着安全生产和环境保护方面的问题。化学工业应采用新的理论方法和新的技术手段保障生产安全和环境安全，做到安全生产和环境保护与化学工业同步发展，从而保障化学工业有序、安全的发展。

1.1.2 安全在化工生产中的重要地位

化工生产具有易燃易爆、易引起中毒和腐蚀、高温、高压等特点，与其他行业相比，化工生产潜在的不安全因素更多，危险性和危害性更大，因此，对安全生产的要求也更严格。

首先，安全是生产的前提条件。化工生产的特点决定了其有很大的危险性。一些发达国家的统计资料表明，在工业企业发生的爆炸事故中，化工企业占1/3。随着生产技术的发展和生产规模的扩大，化工生产安全已成为一个社会问题。一旦发生火灾和爆炸事故，不但会导致生产停顿、设备损坏，而且会造成大量人身伤亡，甚至波及社会，产生无法估量的损失和难以挽回的影响。例如，2013年5月20日，山东保利民爆济南科技有限公司发生特别重大爆炸事故，造成33人死亡、19人受伤，直接经济损失6 600余万元。再如，2014年8月2日，江苏昆山中荣金属制品有限公司发生特别重大铝粉尘爆炸事故，造成97人死亡、163人受伤，直接经济损失3.51亿元。

安全生产是化工生产发展的关键。装置规模的大型化、生产过程的连续化无疑是化工生产发展的方向，但要充分发挥现代化工生产的优势，必须安全生产，确保生产装置长期、连续、稳定、安全运行。2013年11月22日，位于山东省青岛经济技术开发区的中国石油化工股份有限公司管道储运分公司东黄输油管道泄漏原油进入市政排水暗渠，在形成密闭空间的暗渠内油气积聚遇火花发生爆炸，造成62人死亡、136人受伤，直接经济损失75 172万元。因此安全生产已成为化工生产发展的关键问题。

此外，在化工生产中，不可避免地要接触大量有毒化学物质，如苯类、氯气、亚硝基化合物、铬盐、联苯胺等，极易造成中毒事件；同时这些物质也容易造成环境污染。

中国加入WTO后,各项工作都要与国际惯例接轨,化学工业面临的安全生产、劳动保护与环境保护等问题越来越引起人们的关注,这对化工生产安全管理人员、技术管理人员及技术工人的安全素质提出了越来越高的要求。如何确保化工安全生产,使化学工业能够持续健康地发展,是中国化学工业面临的一个亟待解决的重大课题。

1.2 化工生产及化工事故的特点

1.2.1 化工生产的特点

化学工业是指以工业规模对原料进行加工处理,使其发生物理和化学变化而成为生产资料或生活资料的加工业。而化工生产过程是指化学工业的一个个具体的生产过程,或者就是一个产品的加工过程。化工生产过程区别于其他生产过程的最明显的特征就是生产过程中发生了化学变化。

化学工业正逐步发展为一个多行业、多品种的生产部门,出现了一大批综合利用资源和规模大型化的化工企业。这些企业就其生产过程来说,同其他工业企业有许多共性,但在涉及产品、生产工艺要求和生产规模等方面又具有自己的特点,具体表现为以下四个方面。

(1) 化工生产涉及的危险品多

化工生产使用的原料、半成品和成品种类繁多,且绝大多数是易燃易爆、有毒、有腐蚀性的化学危险品。这对生产中这些原材料、燃料、中间产品和成品的贮存和运输都提出了特殊的要求。

(2) 化工生产要求的工艺条件苛刻

有些化学反应需要在高温、高压下进行,有的要在低温、高真空度下进行。如:在由轻柴油裂解制乙烯、进而生产聚乙烯的生产过程中,轻柴油在裂解炉中的裂解温度为800 ℃;裂解气要在深冷(-90 ℃)条件下进行分离;纯度为99.99%的乙烯气体在294 MPa的压力下聚合,制成高压聚乙烯树脂。

(3) 生产规模大型化

近几十年来,国际上化工生产普遍采用大型生产装置。采用大型装置可以明显降低单位产品的建设投资和生产成本,有利于提高劳动生产率。因此,世界各国都在积极发展大型化工生产装置。当然,也不是说化工装置越大越好,这里涉及技术经济的综合效益问题。例如,目前新建的乙烯装置和合成氨装置大都稳定在$30\sim45$万$t\cdot a^{-1}$的规模。

(4) 生产方式日趋先进

现代化工企业的生产方式已经从过去的手工操作、间断生产转变为高度自动化、连续化生产;生产设备由敞开式变为密闭式;生产装置由室内走向露天;生产操作由分散控制变为集中控制,同时由人工操作发展为计算机控制,使正常情况下的安全生产有所保障。

1.2.2 化工事故的特点

1) 火灾、爆炸、中毒事故多且后果严重

我国30余年的统计资料说明,化工厂的火灾、爆炸事故死亡人数占因工死亡总人数的13.8%,居第一位,中毒、窒息事故致死人数为总人数的12%,居第二位,高空坠落和触电分别居第三、第四位。很多化工原料的易燃性、反应性和毒性本身就容易导致火灾、爆炸、中毒事故的频繁发生,而且多数化学物品对人体有害。生产中由于设备密封不严,特别是在间歇操作中泄漏的情况很多,容易造成操作人员的急性和慢性中毒。据化工部门统计,因一氧化碳、硫化氢、氮气、氮氧化物、氨、苯、二氧化碳、二氧化硫、光气、氯化钡、氯气、甲烷、氯乙烯、磷、苯酚、砷化物等16种物质造成中毒、窒息的死亡人数占中毒死亡总人数的87.9%。而这些物质在一般化工厂中都是常见的。

2) 正常生产时事故发生多

据统计,正常生产活动时发生事故造成死亡的占因工死亡总数的近70%,而非正常生产活动时仅占10%左右。正常生产时之所以事故发生多,主要有以下原因。

①化工生产中有许多副反应,有些机理尚不完全清楚。有些生产是在危险边缘如爆炸极限附近进行的,如乙烯制环氧乙烷、甲醇氧化制甲醛等,生产条件稍有波动就会发生严重事故。

②化工工艺中影响各种参数的干扰因素很多,设定的参数很容易发生偏移。参数的偏移是事故的根源之一,即使在启动调节的过程中也会产生失调或失控现象,人工调节更易发生事故。

③由于人的素质或人机工程设计欠佳,往往会造成误操作,如看错仪表、开错阀门等,特别是在现代化的大生产中,人是通过控制台进行操作的,发生误操作的机会更多。

3) 设备选材及加工是影响化工事故的重要因素

化工厂的工艺设备一般都是在严酷的生产条件下运行的。腐蚀介质的作用、振动、压力波动造成的疲劳、高低温对材质性质的影响等都是在安全方面应该引起重视的问题。化工设备的破损与应力腐蚀裂纹有很大关系。设备受到制造时的残余应力、运转时的拉伸应力的作用,在有腐蚀的环境中就会产生裂纹并发展长大,在特定的条件下,如压力波动,严寒天气就会发生脆性破裂,造成巨大的灾难性事故。制造化工设备时除了选择正确的材料外,还要用正确的加工方法。以焊接为例,如果焊缝不良或未经过热处理则会使焊区附近的材料性能劣化,容易产生裂纹使设备破损。

4) 化工事故具有集中和多发期

化工生产常遇到事故多发的情况,给生产带来被动。化工装置中的许多关键设备、元件,特别是高负荷的塔、槽、压力容器、反应釜、经常开闭的阀门等,运转一定时间后,常会出现多发故障或集中发生故障的情况,这是由于设备进入了寿命周期的故障频发阶段。对于多发事故必须采取预防对策,加强设备检验,充实备品备件,及时更换使用到期的设备。

思考题

1. 化工生产的特点是什么?
2. 化工事故的特点是什么?
3. 为什么化工事故会出现集中和多发期?

2 化工火灾、爆炸及其控制

由于化工生产工艺复杂、反应条件苛刻（大多数反应是在高温、高压，甚至超高压条件下进行的），加之原物料、中间产物及产品大多为易燃、易爆物质，反应过程中稍有操作不慎就会引发火灾和爆炸事故。一旦发生火灾、爆炸事故，会造成严重的后果。因此研究燃烧和爆炸的基本原理，掌握化工火灾、爆炸事故发生的一般规律，对预防此类事故的发生具有十分重要的意义。

2.1 典型火灾、爆炸的类型与特点

1) 典型火灾、爆炸的类型

化工生产过程中发生的火灾、爆炸事故主要有泄漏型火灾及爆炸事故、燃烧型火灾及爆炸事故、自燃型火灾及爆炸事故、反应失控型爆炸事故、传热型蒸气爆炸事故和破坏平衡型蒸气爆炸事故六种。

(1) 泄漏型火灾及爆炸事故

泄漏型火灾及爆炸事故是指处理、储存或输送可燃物质的容器、机械或其他设备因某种原因发生破裂而使可燃气体、蒸气、粉尘泄漏到大气中（或外界空气吸入负压设备内），达到爆炸浓度极限时遇点火源所发生的火灾和化学性爆炸。在泄漏口处及地面上泄漏的液体或粉尘往往只发生火灾。醋酸生产过程中常见的一氧化碳气体泄漏爆炸事故就属此类事故。

(2) 燃烧型火灾及爆炸事故

燃烧型火灾及爆炸事故是指可燃物质在某种火源作用下发生燃烧、分解等化学反应而导致的火灾和化学性爆炸。在敞开式或半敞开式空间中，可燃物质燃烧后产生的气体和压力能够向大气中释放，所以不会发生爆炸，而只发生火灾。在密闭容器中，可燃物质被点火源点燃后发生燃烧或分解等反应，产生的大量气体在反应热的作用下体积急剧膨胀，从而使容器内的压力迅速升高，当超过容器的耐压极限强度时，则会使容器破裂发生爆炸。在较为密闭的建筑物内，如充满可燃气体、蒸气或悬浮着可燃粉尘，达到爆炸浓度极限范围，遇点火源也会发生这种燃烧型化学性爆炸。某些易分解气体和炸药等爆炸性物质，在开放空间中或密闭容器内，被点火源点燃后都会发生这种燃烧型化学性爆炸。另外，输送高压氧气的铁制管路和阀门在一定条件下与氧化合，也会发生剧烈燃烧，导致此类火灾和爆炸。

(3) 自燃型火灾及爆炸事故

自燃型火灾及爆炸事故是指某些物质由于发生放热反应、积蓄反应热量引起自行燃烧而导致的火灾和化学性爆炸。通常,在敞开式或半敞开式的容器或空间发生的自燃,大多会导致火灾;在密闭容器或空间发生的自燃,因反应压力急剧上升则容易使容器破裂,造成爆炸。

(4) 反应失控型爆炸事故

反应失控型爆炸事故指某些物质在化学反应容器内进行放热反应时,反应热量没有按工艺要求及时移出反应体系外,使容器内温度和压力急剧上升,当超过容器的耐压极限强度时,则会使容器破裂,导致物料从破裂处喷出或容器发生爆炸。这类爆炸可认为是物理性爆炸,但是当物料的温度超过其自燃点时,则会在容器破裂或爆炸后发生燃烧反应,瞬间变成化学性爆炸。发生这类爆炸的化学反应大致有聚合反应、氧化反应、酯化反应、硝化反应、氯化反应、分解反应等。

(5) 传热型蒸气爆炸事故

传热型蒸气爆炸事故是指低温液体与高温物体接触时,高温物体的热量使低温液体瞬间由液相转变为气相而发生的爆炸。这类爆炸主要有水接触高温物体(如铁水、炽热铁块、高温炉等)发生的水蒸气爆炸。常温的水全部变成水蒸气体积会膨胀1 700倍以上,这种急剧的膨胀会造成人员伤亡或设备破坏。另外,当液态甲烷倒入液态丁烷、液态丙烷倒入液氮、液态丙烷倒入约70 ℃的水中时,也会发生这种传热型蒸气爆炸。传热型蒸气爆炸属于物理性爆炸,一般不会造成火灾。但液态甲烷、丙烷等可燃气体发生蒸气爆炸时,会与空气形成爆炸性混合气体,有引发化学性爆炸及火灾的危险;水蒸气爆炸也可能损坏机械设备、电气设备等,间接引起火灾。

(6) 破坏平衡型蒸气爆炸事故

破坏平衡型蒸气爆炸事故是指密闭容器中盛有在高压下保持蒸气压平衡的液体,当容器与气相部分接触的壳体因材质劣化、碰撞等原因出现裂缝时,高压蒸气泄漏,使容器内的压力急剧下降,从而破坏了气液平衡状态,液体因而处于不稳定的过热状态,大量过热液体迅速汽化,导致压力剧增,使容器裂缝扩大或破裂成碎片,容器内的液体大量喷出,由液相瞬间变成气相而呈现的蒸气爆炸现象。这种破坏平衡型蒸气爆炸属于物理性爆炸。但是,若容器内的液体是可燃性液体,喷出的液体变成蒸气后,与空气形成爆炸性混合气体,遇点火源便会发生化学性爆炸或大面积火灾。常温的液化石油气火车槽车、汽车槽车因撞车、脱轨等原因会发生这类蒸气爆炸。在火场上受到烘烤加热的易燃、可燃液体贮罐以及有较高压力的液体贮罐或反应器等,若容器上因某种原因有裂缝存在,也会发生这种破坏平衡型蒸气爆炸。

2) 典型火灾、爆炸的特点

(1) 突发性强

很多火灾、爆炸事故是在人们生产、生活的场所内突然发生的且发生地点有很大的偶然性,人们往往始料未及。同时,灾害事故发展迅速,来势凶猛,可波及的区域很广,进一步扩展方向的随机性大,能够在很短的时间内产生很大的破坏作用。

(2)易形成连锁灾害

所谓连锁灾害是指一种灾害发生后,又引起若干其他灾害出现的现象。火灾与爆炸就是两种密切相关的灾害。爆炸引起火灾或火灾中发生爆炸是石化企业事故的显著特点。这些企业所用的原料、产生的中间产品及最终产品多数具有易燃易爆特性,生产环境中存在易燃易爆的物质,如果具备了点燃引爆的条件,就会发生爆炸,导致火灾,火灾又引起爆炸。火灾、爆炸事故还会引起有毒有害物质泄漏,进而造成环境污染。例如,2005年11月13日,中国石油天然气股份有限公司吉林石化分公司双苯厂硝基苯精馏塔发生爆炸,造成8人死亡,60人受伤,直接经济损失6 908万元,并引发松花江水污染事件。

(3)流淌性、立体性火灾多

可燃易燃液体易流动,当其从设备内泄漏时,便会四处流淌,如遇明火极易发生火灾。由于生产企业存在易燃易爆物质流淌扩散性、生产设备布置密集性和企业建筑构造互通性的特点,一旦初起火灾控制不住,火势就会上下左右迅速扩展而形成立体性火灾。

(4)损失严重

一旦发生火灾、爆炸事故,除了造成巨大的人员伤亡、财产损失和基础设施破坏外,还会造成生产经营系统和社会经济正常秩序的混乱。不仅会对事故现场的设施、设备造成毁灭性的破坏,还会损坏所在区域的供电、供水、交通等基础设施。

2.2 燃烧的相关概念及特征参数

2.2.1 燃烧的相关概念

1)燃烧或火灾

燃烧是可燃物质与氧化剂发生的一种发光发热的氧化反应。按电子学说,在化学反应中,失去电子的物质被氧化,称为还原剂;得到电子的物质被还原,称为氧化剂。所以,氧化反应并不限于同氧气的反应。例如,氢气在氯气中燃烧生成氯化氢,并伴有光和热的发生,可以称之为燃烧;金属和酸反应生成盐虽然属于氧化反应,但因其没有同时发光发热,所以不能称为燃烧;灯泡中的灯丝通电后同时发光发热,但因其不是氧化反应,所以也不能称为燃烧。只有同时发光发热的氧化反应才被界定为燃烧。火灾是失去控制的燃烧。

2)闪燃及闪燃点

任何液体的表面都有蒸气存在,其浓度取决于液体的温度。可燃液体表面的蒸气与空气形成的混合可燃气体,遇到明火以后,只出现瞬间闪火而不能持续燃烧的现象叫闪燃。发生闪燃时液体的最低温度叫闪点。

由定义可知,闪点是对可燃液体而言的,它是评价可燃液体危险程度的重要参数之一。但某些固体由于在室温或略高于室温的条件下即能挥发或升华,以致在周围空气中达到闪燃的浓度,所以也有闪点,如硫、萘和樟脑等。可燃液体的闪点随其浓度的变化而变化。水溶性的可燃液体,如乙醇,随浓度降低,其闪点升高。互溶的二元可燃混合液体的闪点,一般介于原来两液体的闪点之间,但闪点与组分并不一定呈线性关系;按某比例混合后具有最高或最低沸点的二元混合液体,可能具有最高或最低闪点,即混合液的闪点可能比两纯组分的闪点都高或都低。对具有最低闪点的互溶液体,在使用时应特别注意。

3) 引燃

引燃是可燃物持续燃烧反应的开始,如果燃烧仅仅是瞬间的,则属于闪燃。不过,实际应用时,对持续燃烧的时间并没有一致的规定。引燃一般发生在气相,液体和固体可燃物通常要先产生可燃性气体才会被引燃。可燃性混合气体达到一定温度时可能引发自燃,或者在具有一定能量的外界火源作用下被点燃,从而引发燃烧。因此引燃分为自燃和点燃两种类型。

4) 自燃及自燃点

可燃物质在助燃性气体(如空气)中,在无外界明火的直接作用下,由于受热或自行发热发生引燃并持续燃烧的现象叫自燃。在一定的条件下,可燃物质发生自燃的最低温度叫自燃点,也称引燃温度。

5) 点燃及燃点

点燃是指在外部火源作用下可燃物开始持续的燃烧。能够使液体可燃物发生持续燃烧的最低温度称为燃点,燃点高于闪点。固体可燃物发生持续燃烧的最低温度习惯上称为点燃温度。对于易燃液体来说,闪点与燃点相差不大,一般在 1~5 ℃;而对于可燃液体,两者可能相差几十摄氏度。

6) 燃烧极限

当可燃气体与空气(或氧气)的比例在一定的范围内时,可燃性气体混合物才发生燃烧。高于或低于这个范围都不会燃烧。通常,把一个大气压下可燃气体在其与空气的混合物中能发生燃烧的最低浓度称为燃烧下限(Lower Flammability Limit, LFL),而将最高浓度称为燃烧上限(Upper Flammability Limit, UFL)。在上限与下限之间的浓度称为可燃物的燃烧范围。

7) 氧指数

氧指数又叫临界氧浓度(Critical Oxygen Concentration, COC)或极限氧浓度(Limiting Oxygen Concentration, LOC),是用来对固体材料可燃性进行评价和分类的一个特性指标。模拟材料在大气中的着火条件,如大气温度、湿度、气流速度等,将材料在不同氧浓度的 O_2-N_2 混合气中点火燃烧,测出能维持该材料有焰燃烧的以体积分数表示的最低氧气浓度,此最低氧浓度称为氧指数。由此可见,氧指数高的材料不易着火,阻燃性能好;氧指数低的材料容易着火,阻燃性能差。

8) 最小点火能

在处于燃烧范围内的可燃性气体混合物中产生电火花,从而引起着火所必需的最小能量称为最小点火能。它是使一定浓度可燃气(蒸气)-空气混合气燃烧或爆炸所需要的临界能量值。如果引燃源的能量低于这个临界值,一般情况下不能引燃。

可燃性混合气点火能量的大小取决于该物质的燃烧速度、热传导系数、可燃气在可燃气-空气(或氧气)混合气中的浓度(体积分数 φ)、混合气的温度和压力等。混合气燃烧速度越快,热传导系数越小,所需点火能量越小。可燃气浓度对点火能量的影响较大,一般在稍高于化学计量浓度时,点火能量最小。

2.2.2 燃烧的特征参数

1) 燃烧温度

可燃物质燃烧所产生的热量在火焰燃烧区域释放出来,火焰温度即燃烧温度。表 2-1 列出了一些常见物质的燃烧温度。

表 2-1 常见可燃物质的燃烧温度

物质	温度/℃	物质	温度/℃	物质	温度/℃	物质	温度/℃
甲烷	1 800	原油	1 100	木材	1 000~1 170	液化气	2 100
乙烷	1 895	汽油	1 200	镁	3 000	天然气	2 020
乙炔	2 127	煤油	700~1 030	钠	1 400	石油气	2 120
甲醇	1 100	重油	1 000	石蜡	1 427	火柴	750~850
乙醇	1 180	烟煤	1 647	一氧化碳	1 680	香烟	700~800
乙醚	2 861	氢气	2 130	硫	1 820	橡胶	1 600
丙酮	1 000	煤气	1 600~1 850	二硫化碳	2 195		

2) 燃烧速率

燃烧速率是指燃烧表面的火焰沿垂直于表面的方向向未燃烧部分传播的速率。

气体的燃烧速率因物质的成分不同而异。单质气体如氢气的燃烧只需受热、氧化等过程,而化合物气体如天然气、乙炔等的燃烧则需要经过受热、分解、氧化等过程。所以,单质气体的燃烧速率要比化合物气体大。气体的燃烧性能常以火焰传播速率来表征。若一系统内充满均匀的可燃混合气,当用具有一定强度的点火源在某一局部加热时,该局部的气体就会被点燃,并形成火焰。实际上,这种火焰是在点火源周围形成的一种发光的高温反应区,其厚度有限,一般为毫米的量级。这层薄薄的高温反应区称为火焰前锋。火焰前锋移动的速率称为火焰传播速率。在多数火灾或爆炸情况下,已燃和未燃气体都在运动,燃烧速率和火焰传播速率并不相同。这时的火焰传播速率等于燃烧速率和整体运动速率的和。

可燃液体在火灾中的燃烧主要是液面燃烧,一般称为池火。也就是说,液体蒸发出来的蒸气被分解、氧化达到燃点时,被明火或其他热源点燃导致燃烧,所以液体的燃烧速率取决于液体的蒸发,其燃烧速率有质量速率和直线速率两种。质量速率是指每平方米可燃液体表面每小时烧掉的液体的质量,单位为 $kg \cdot m^{-2} \cdot h^{-1}$。直线速率是指每小时烧掉的可燃液层的高度,单位为 $m \cdot h^{-1}$。

固体的燃烧速率一般小于可燃液体和可燃气体的燃烧速率。不同固体物质的燃烧速率也有很大差异。萘及其衍生物、三硫化磷、松香等可燃固体,其燃烧过程是受热熔化、蒸发汽化、分解氧化、起火燃烧,一般速率较慢。而另外一些可燃固体,如硝基化合物、含硝化纤维素的制品等,其燃烧是分解式的,燃烧剧烈,速率很大。可燃固体的燃烧速率还取决于燃烧比表面积,燃烧表面积与体积的比值越大,燃烧速率越大,反之,燃烧速率越小。

3)燃烧热

燃烧热是指 25 ℃、$1.01 \times 10^5 Pa$ 时,1 mol 可燃物完全燃烧生成稳定的化合物所放出的热量,燃烧产物(包括水)都假定为气态。可燃物质燃烧、爆炸时所达到的最高温度、最高压力和爆炸力与物质的燃烧热有关。物质的燃烧热数据可用量热仪在常压下测得。生成的水蒸气全部冷凝和不冷凝时燃烧热效应的差值为水的蒸发潜热,所以燃烧热有高热值和低热值之分。高热值是指单位质量的燃料完全燃烧,生成的水蒸气全部冷凝成水时所放出的热量;而低热值是指生成的水蒸气不冷凝时所放出的热量。

2.3 爆炸的相关概念及爆炸能量计算

2.3.1 爆炸的相关概念

1)爆炸

爆炸是物质发生急剧的物理、化学变化,由一种状态迅速转变为另一种状态,并在瞬间释放出巨大能量的现象。一般说来,爆炸现象具有以下特征:爆炸过程进行得很快;爆炸点附近压力急剧升高,产生冲击波;发出或大或小的响声;周围介质发生震动或邻近物质遭受破坏。

对于化工生产来说,爆炸主要分为物理爆炸和化学爆炸。物理爆炸是由物理变化(温度、体积和压力等因素)引起的。在物理爆炸前后,爆炸物质的化学性质及化学成分均不改变。化学爆炸则存在化学反应,可以是燃烧反应、分解反应或其他快速放热反应。

爆炸和火灾的主要区别是能量释放的速度不同,火灾中燃烧时能量的释放较慢,而爆炸时能量释放得极快。

2)爆炸极限

可燃物(可燃性气体、蒸气和粉尘)与空气(或氧气)必须在一定的浓度范围内均匀混合,形成预混体系,遇火源才会爆炸,这个浓度范围称为爆炸极限或爆炸浓度极限。爆极限一般用可燃物在混合体系中的体积分数表示,有时也用单位体积内可燃气体的质量($kg \cdot m^{-3}$)表示。可燃物与空气的混合物能使火焰蔓延时可燃物的最低浓度称为该可燃物的爆炸下限(Lower Explosion Limit,LEL);反之,能使火焰蔓延时可燃物的最高浓度称为该可燃物的爆炸上限(Upper Explosion Limit,UEL)。可燃物在其与空气的混合物中的浓度在爆炸下限以下或爆炸上限以上,便不会爆炸。混合体系中可燃物浓度在爆炸下限以下时因含有过量空气,空气的冷却作用使活化中心的消失数大于产出数,阻止了火焰的蔓延;浓度在爆炸上限以上时,因含有过量的可燃气体,助燃气体不足,火焰也不能蔓延,但此时若补充空气,仍有火灾和爆炸危险,所以浓度在爆炸上限以上的混合气体不能认为是安全的。

3) 受限爆炸

受限爆炸是指发生在受限空间内的爆炸。受限空间可分为器内空间与室内空间两大类。器内空间即容器、罐体内腔,多以金属构件作为包装物。室内空间指的是器外房屋内腔,以建筑构件作为包装物。器内空间爆炸的危害程度与压力高低,容积(直径)大小,介质的温度、闪点等特性指数有关。罐体(容器)内介质超压后的爆炸,除了极少数是因介质的燃烧、分解、聚合反应形成的化学性爆炸外,主要是介质因罐体超压破裂而形成的物理性爆炸。罐体(容器)破裂的瞬间,介质的爆炸能量不仅与压力和容积有关,而且与介质在罐体(容器)内的物性相态有关,比如气态压缩空气、氧气、饱和蒸汽以及液态烃(石油气)、氨、氯、饱和水。前者属一次性气体膨胀对外做功,称其为一次性爆炸;后者除气相急剧膨胀做功外,还有液相的激烈蒸发汽化过程。实验与计算均表明,占质量比重绝大部分的液相的爆炸能量,比气相大得多。室内空间爆炸是易燃助燃混合物的爆炸。其爆炸因素有三:爆炸介质、混合浓度、引燃能量。易燃气体与助燃气体混合达到一定浓度极限,为着火物引燃的同时被引爆。

4) 无约束爆炸

无约束爆炸发生在空旷地区。该类型的爆炸通常是由可燃性气体泄漏引起的。气体扩散并与空气混合,直到遇到引燃源。由于爆炸性物质通常被风稀释至低于LEL,故无约束爆炸比受限爆炸发生的概率低。而一旦发生,这种爆炸就是破坏性的,因为通常会涉及大量的气体和较大的区域。

5) 蒸气云爆炸

化学工业中,大多数危险的和破坏性的爆炸是蒸气云爆炸(Vapor Cloud Explosion,VCE)。其发生的步骤是:大量的可燃蒸气突然泄漏出来;蒸气扩散遍及整个工厂,同时与空气混合;产生的蒸气云被点燃,从而引发蒸气云爆炸。当装有过热液体和受压液体的容器破裂时,就会发生该类型的爆炸。

6) 沸腾液体扩展为蒸气爆炸

沸腾液体扩展为蒸气爆炸(Boiling Liquid Expanding Vapor Explosion,BLEVE)是指液体急剧沸腾产生大量过热而引发的一种爆炸式沸腾现象。但该名称过于烦琐,故常简化为蒸气爆炸。引起这种爆炸的原因有:①低沸点液体进入高温系统;②冷热液体相混且温度已超过其中一种液体的沸点;③分层液体中高沸点液体受热后将热量传给低沸点液体使之汽化;④封闭层下的液体受热汽化;⑤液体在系统内处于过热状态,一旦外壳破裂,液体泄漏,压力降低,过热液体会突然闪蒸引起爆炸。

(1) 按过热液体的种类划分,主要可以分为以下三种。

①过热液体为水,则可引发因炽热的熔融金属与水接触产生大量水蒸气的爆炸事故,或者蒸汽锅炉由过热水引起的锅炉爆炸。

②过热液体为氯、氨等有毒液化气体,则爆炸后产生的有毒物质急剧散发将会致人中毒和污染环境。

③过热液体为液化石油气之类的易燃液体,则可能引起以火球为特征的火灾灾害,或易燃液体急剧汽化后弥漫于空气中形成爆炸性混合物导致蒸气云爆炸。

(2) 按过热液体形成的过程划分,大致可分为以下两种。

①传热型蒸气爆炸,热从高温物体向与之接触的低温液体快速传导,液体瞬间转变成过热状态,造成蒸气爆炸。

②破坏平衡型蒸气爆炸,指在密闭容器中,在高压下保持蒸气压平衡的液体由于容器破坏而发生高压蒸气泄漏,使容器内压力急剧降低,液体因而处于过热状态,导致发生蒸气爆炸。

7) 冲击波

冲击波是指扰动在非线性介质中的传播。冲击波是一种不连续峰在介质中的传播,这个峰导致介质的压强、温度、密度等物理性质的跳跃式改变。在自然界,所有的爆发情况都伴有冲击波,冲击波总是在物质膨胀速度变得大于局域声速时发生。当波源以超波速的速度向前运动时,波源(物体)本身的运动会激起介质的扰动,从而激起另一种波。这时运动物体充当了另一种波的波源,这种波是以运动物体的运动轨迹为中心的一系列球面波。由于球面波的波速比物体的运动速度小,所以就会形成以波源为顶点的V字形波,这种波就是冲击波。在爆炸过程中,冲击波以超音速的速度从爆炸中心向周围冲击,具有很大的破坏力。冲击波中的压力增加得很快,因此,其过程几乎是绝热的。

8) 超压

冲击波的压力有超压、动压以及负压三种。压缩区内超过正常大气压的那部分压力称为超压。高速气流运动所产生的冲击压力称为动压。波阵面上的超压和动压最大,分别称为超压峰值和动压峰值。稀疏区内低于正常大气压的那部分压力称为负压。冲击波的杀伤破坏作用主要是由超压和动压造成的,而负压的作用较小。冲击波效应主要以超压的挤压和动压的撞击,使人员受挤压、摔掷而损伤内脏或造成外伤、骨折等。

2.3.2 爆炸能量的相关计算

1) TNT 当量法

TNT 当量法是将已知能量的燃料等同于 TNT 的一种简单方法。该方法建立在假设燃料爆炸的行为如同具有相等能量的 TNT 爆炸的基础之上。可使用下式估算:

$$m_{\text{TNT}} = \frac{\eta m \Delta H_c}{E_{\text{TNT}}} \tag{2-1}$$

式中 m_{TNT}——TNT 当量质量，kg；

η——爆炸效率，量纲为一；

m——燃料的质量，kg；

ΔH_c——燃料的爆炸能，kJ·kg^{-1}；

E_{TNT}——TNT 的爆炸能，kJ·kg^{-1}。

TNT 的爆炸能 E_{TNT} 的典型值为 4 686 kJ·kg^{-1}。对于可燃气体，可用燃烧热替代爆炸能 ΔH_c。爆炸效率 η 是经验值，对于大多数可燃气云，在 1%~10% 的范围内变化；丙烷、二乙醚和乙炔的可燃气云的爆炸效率分别为 5%、10% 和 15%。

基于超压的普通建筑物破坏评估见表 2-2。由表 2-2 可知，即使是较小的超压，也能导致较大的破坏。爆炸实验证明，超压可由 TNT 当量质量（记为 m_{TNT}）以及距离地面上爆炸源点的距离 r 来估算。

$$z_e = \frac{r}{m_{\text{TNT}}^{1/3}} \tag{2-2}$$

式中 z_e——比例距离，m·kg$^{-1/3}$。

表 2-2 基于超压的普通建筑物破坏评估

超压/kPa	破坏作用描述
0.14	产生令人讨厌的噪声（137 dB，或低频 10~15 Hz）
0.21	已经处于疲劳状态下的大玻璃窗突然破碎
0.28	产生非常吵的噪声（143 dB）、音爆，玻璃破裂
0.69	处于疲劳状态的小玻璃破裂
1.03	是导致玻璃破裂的典型压力
2.07	屋顶出现某些破坏；10% 的窗户玻璃被打碎
2.76	受限较小的建筑物被破坏
3.4~6.9	大窗户和小窗户通常破碎；窗户框架偶尔遭到破坏
4.8	房屋建筑物受到较小的破坏
6.9	房屋部分被破坏，不能居住
6.9~13.8	石棉板粉碎，钢板或铝板起皱，紧固失效，扣件失效，木板固定失效、吹落
9.0	钢结构的建筑物轻微变形
13.8	房屋的墙和屋顶局部坍塌
13.8~20.7	没有加固的水泥或煤渣石块墙粉碎
15.8	低限度的严重结构破坏

续表

超压/kPa	破坏作用描述
17.2	房屋的砌砖有50%被破坏
20.7	工厂建筑物内的重型机械(3 000 lb)遭到少许破坏;钢结构建筑变形,并离开基础
20.7~27.6	无框架、自身构架钢面板建筑被破坏;原油储罐破裂
27.6	轻工业建筑物的覆层破裂
34.5	木制的柱折断;建筑物被巨大的水压(4 000 lb)轻微破坏
34.5~48.2	房屋几乎完全被破坏
48.2	满装的火车翻倒
48.2~55.1	未加固的8~12 in厚的砖板被剪切,或弯曲而失效
62.0	满装的火车货车车厢被完全破坏
68.9	建筑物可能全部遭到破坏;重型机械工具(7 000 lb)被移走并遭到严重破坏,非常重的机械工具(12 000 lb)幸免
2 068	有限的爆坑痕迹

注:1 lb = 0.453 6 kg; 1 in = 0.025 4 m。

发生在化工厂中的大多数爆炸都被认为是发生在地面上的。发生在平整地面上的TNT爆炸产生的峰值超压与比例距离间的关系为

$$p_0 = p_1 \frac{1\,616\left[1+\left(\frac{z_e}{4.5}\right)^2\right]}{\sqrt{1+\left(\frac{z_e}{0.048}\right)^2}\sqrt{1+\left(\frac{z_e}{0.032}\right)^2}\sqrt{1+\left(\frac{z_e}{1.35}\right)^2}} \tag{2-3}$$

式中 p_0——超压,Pa;

p_1——周围环境压力,Pa。

对于发生在敞开空间的远高于地面的爆炸,所得到的超压值应乘以0.5。

TNT当量法的优点是计算简单,容易使用。

采用TNT当量法估算爆炸造成的破坏的步骤如下:

①确定参与爆炸的可燃物质的总量;

②估计爆炸效率,使用式(2-1)计算TNT当量质量;

③使用式(2-2)计算比例距离,然后根据式(2-3)估算超压;

④使用表2-2估算普通建筑受到的破坏。

根据估算的破坏程度,该步骤也可倒过来用于估算参与爆炸的可燃物质的量。

【例2-1】 1 000 kg甲烷从储罐中泄漏出来,并与空气混合发生爆炸。计算:①TNT当量质量;②距离爆炸50 m处的侧向超压峰值。假设爆炸效率为2%,甲烷的爆炸能为818.7 kJ·mol^{-1}。

解:①将已知数据代入式(2-1),得到

$$m_{TNT} = \frac{\eta m \Delta H_c}{E_{TNT}} = \frac{2\% \times 1\,000 \times (1/0.016) \times 818.7}{4\,686} = 218 \text{ kg}$$

②使用式(2-2)计算比例距离：

$$z_e = \frac{r}{m_{TNT}^{1/3}} = \frac{50}{218^{1/3}} = 8.3 \text{ m} \cdot \text{kg}^{-1/3}$$

由式(2-3)知,超压为

$$p_0 = 101.3 \times \frac{1\,616\left[1+\left(\frac{8.3}{4.5}\right)^2\right]}{\sqrt{1+\left(\frac{8.3}{0.048}\right)^2}\sqrt{1+\left(\frac{8.3}{0.032}\right)^2}\sqrt{1+\left(\frac{8.3}{1.35}\right)^2}}$$

$$= 101.3 \times 0.25 = 25 \text{ kPa}$$

查表2-2可知该超压将破坏无框架、自身构架钢面板建筑。

2) 化学爆炸能

化学爆炸导致的冲击波是由爆炸性气体的快速膨胀造成的。该膨胀可以用两种机理解释：反应产物的热量加热以及反应造成的总物质的量的变化。

对于大多数碳氢化合物在空气中燃烧爆炸,物质的量的变化很小。例如,丙烷在空气中燃烧,化学式为

$$C_3H_8 + 5O_2 + 18.8N_2 = 3CO_2 + 4H_2O + 18.8N_2$$

方程左侧的化学计量系数为24.8,右侧的化学计量系数为25.8。该例中,由物质的量变化导致的压力升高是很少的,几乎所有的爆炸能都来自所释放的热能。

爆炸反应期间所释放的能量可使用标准热力学方法计算,释放的能量等于膨胀气体所需的功。准确计算爆炸性混合气体的爆炸能量是困难的,一般只能估算。对于许多物质,燃烧热和爆炸能之间相差小于10%,对于大多数工程计算,这两种数据可互换使用。这样可以通过假定参与爆炸反应的气体的体积,按其燃烧热计算爆炸能量：

$$L_H = VH \tag{2-4}$$

式中 L_H——化学爆炸所做的功,kJ;

V——参与反应的可燃气的体积(标准状态下),m^3;

H——可燃气体的高燃烧热值,$kJ \cdot m^{-3}$。

3) 机械爆炸能

对于机械爆炸,能量来自压缩气体膨胀、液体迅速蒸发等放出的物理能。压缩气体的爆炸能可用以下四种方法估算。

①布罗德(Brode)法。在气体体积不变的情况下,计算将气体的压力由环境压力升至容器所能承受的最高压力所需的能量。表达式为

$$E = \frac{(p_2 - p_1)V}{\gamma - 1} \tag{2-5}$$

式中 E——爆炸能,J;

p_1——周围环境压力,Pa;

p_2——容器的爆炸压力，Pa；

V——容器内膨胀气体的体积，m^3；

γ——气体的热容比，量纲为一。

②等熵法。假设气体由初始状态转向终止状态的过程是等熵的。可用下式表示：

$$E = \left(\frac{p_2 V}{\gamma - 1}\right)\left[1 - \left(\frac{p_1}{p_2}\right)^{(\gamma-1)/\gamma}\right] \tag{2-6}$$

③等温法。假设气体等温膨胀。可用下式表示：

$$E = RT_1 \ln\left(\frac{p_2}{p_1}\right) = p_2 V \ln\left(\frac{p_2}{p_1}\right) \tag{2-7}$$

式中　R——理想气体常数，$R = 8.314\ \text{J} \cdot \text{mol}^{-1} \cdot \text{K}^{-1}$；

T_1——周围环境温度，K。

④有效能法。有效能指物料进入外界环境时所需的等效最大机械能。爆炸引起的超压是机械能的一种形式。因此，有效能法可以预测产生超压的机械能的上限值。

受限容器内气体的最大爆炸能可以用下式预测：

$$E = p_2 V\left[\ln\left(\frac{p_2}{p_1}\right) - \left(1 - \frac{p_1}{p_2}\right)\right] \tag{2-8}$$

式(2-8)与式(2-7)相比仅增加了一个修正项。该修正项计入了由于热力学第二定律导致的能量损失。

【例 2-2】 体积为 1 m^3 的容器内盛有氮气，压力为 50 MPa(绝对压力)。环境压力为 1.01×10^5 Pa(绝对压力)，温度为 298 K。假定氮气的热容比不变，$\gamma = 1.4$，试用四种方法估算爆炸能。

解： 由题意可知，$p_1 = 1.01 \times 10^5$ Pa，$p_2 = 50$ MPa。

方法一：使用 Brode 法，将数据代入式(2-5)得

$$E = \frac{(p_2 - p_1)V}{\gamma - 1} = \frac{(50 - 0.101) \times 10^6 \times 1}{1.4 - 1} = 1.25 \times 10^8\ \text{J}$$

方法二：使用等熵法，将数据代入式(2-6)得

$$E = \left(\frac{p_2 V}{\gamma - 1}\right)\left[1 - \left(\frac{p_1}{p_2}\right)^{(\gamma-1)/\gamma}\right] = \frac{50 \times 10^6 \times 1}{1.4 - 1}\left[1 - \left(\frac{0.101}{50}\right)^{(1.4-1)/1.4}\right]$$

$$= 1.04 \times 10^8\ \text{J}$$

方法三：使用等温法，将数据代入式(2-7)得

$$E = RT_1 \ln\left(\frac{p_2}{p_1}\right) = p_2 V \ln\left(\frac{p_2}{p_1}\right) = 50 \times 10^6 \times 1 \times \ln\left(\frac{50}{0.101}\right) = 3.10 \times 10^8\ \text{J}$$

方法四：使用有效能法，将数据代入式(2-8)得

$$E = p_2 V\left[\ln\left(\frac{p_2}{p_1}\right) - \left(1 - \frac{p_1}{p_2}\right)\right]$$

$$= 50 \times 10^6 \times 1 \times \left[\ln\left(\frac{50}{0.101}\right) - \left(1 - \frac{0.101}{50}\right)\right]$$

$$= 2.60 \times 10^8\ \text{J}$$

从计算结果可以看出,等熵法得到的爆炸能最小,而等温法得到的爆炸能最大。

水蒸气的爆炸能量可以使用压缩气的爆炸能量计算公式,但是误差较大。一般用下式计算:

$$L_s = C_s V_s \tag{2-9}$$

式中 L_s——水蒸气爆炸能量,J;

V_s——水蒸气体积,m^3;

C_s——干饱和水蒸气爆炸能量系数,$J \cdot m^{-3}$,见表2-3。

表2-3 常用压力下的干饱和水蒸气爆炸能量系数

绝对压力/(10^5 Pa)	爆炸能量系数/($J \cdot m^{-3}$)	绝对压力/(10^5 Pa)	爆炸能量系数/($J \cdot m^{-3}$)
4	4.5×10^5	14	2.8×10^6
6	8.5×10^5	26	6.2×10^6
9	1.5×10^6	31	7.7×10^6

当容器破裂发生爆炸时液化气体和饱和水蒸气所放出的能量包括容器内蒸气(水蒸气)的爆炸能量以及处于过热状态液体的爆炸能量。由于两者相比前者很小,往往可以忽略不计,过热状态液体的爆炸能量按下式计算:

$$L_L = 427[(I_1 - I_2) - (S_1 - S_2)T_1]W \tag{2-10}$$

式中 L_L——过热状态液体的爆炸能量,J;

I_1——容器破裂前的压力或温度下饱和液体的焓,$J \cdot kg^{-1}$;

I_2——在大气压力下饱和液体的焓,$J \cdot kg^{-1}$;

S_1——容器破裂前的压力或温度下饱和液体的熵,$J \cdot kg^{-1} \cdot K^{-1}$;

S_2——在大气压力下饱和液体的熵,$J \cdot kg^{-1} \cdot K^{-1}$;

W——饱和液体的质量,kg。

饱和水的爆炸能量按下式计算:

$$L_w = C_w V_w \tag{2-11}$$

式中 V_w——容器内饱和水的体积,m^3;

C_w——饱和水的爆炸能量系数,$J \cdot m^{-3}$,见表2-4。

表2-4 常用压力下的饱和水爆炸能量系数

绝对压力/(10^5 Pa)	爆炸能量系数/($J \cdot m^{-3}$)	绝对压力/(10^5 Pa)	爆炸能量系数/($J \cdot m^{-3}$)
4	9.6×10^6	14	4.1×10^7
6	1.7×10^7	26	6.7×10^7
9	2.7×10^7	31	7.7×10^7

【例 2-3】 一台废热锅炉汽包,截面直径 2 m,长 5 m,运行中(表压力为 0.8 MPa)破裂爆炸,炸前水位在汽包中心上边约 0.2 m 处,计算汽包破裂时的爆炸能量。

解: 汽包容积为

$$V = 3.14 \times \frac{2^2}{4} \times 5 = 15.7 \text{ m}^3$$

饱和蒸汽体积为扇形面积减去三角形面积再乘以 5,计算过程为

$$\left[\frac{2 \times \arcsin \sqrt{1-0.2^2} \times 3.14 \times 1^2}{360°} - \frac{1}{2} \times \sqrt{1-0.2^2} \times 2 \times 0.2 \right] \times 5$$
$$= 5.9 \text{ m}^3$$

饱和水体积为

$$15.7 - 5.9 = 9.8 \text{ m}^3$$

查表 2-3、表 2-4 得绝对压力 $p = 0.9$ MPa 的饱和蒸汽及饱和水的爆炸能量系数分别为

$$C_s = 1.5 \times 10^6 \text{ J·m}^{-3}$$
$$C_w = 2.7 \times 10^7 \text{ J·m}^{-3}$$

饱和蒸汽爆炸能量为

$$L_s = C_s V_s = 1.5 \times 5.9 \times 10^6 = 8.85 \times 10^6 \text{ J}$$

饱和水爆炸能量为

$$L_w = C_w V_w = 2.7 \times 9.8 \times 10^7 = 2.646 \times 10^8 \text{ J}$$

因此,汽包破裂时的爆炸能量为

$$L = L_s + L_w = 0.0885 \times 10^8 + 2.646 \times 10^8 = 2.73 \times 10^8 \text{ J}$$

2.3.2 爆炸的伤害作用

1) 抛射物的伤害

发生在受限容器或结构内的爆炸能使容器或建筑物破裂,导致碎片抛射,并覆盖很大的范围。碎片或抛射物能引起较严重的人员受伤、建筑物和过程设备受损。非受限爆炸由于冲击波作用和随后的建筑物移动也能产生抛射物。

抛射物通常意味着事故的扩散。如工厂内某一区域的局部爆炸将碎片抛射到整个工厂。这些碎片打击贮罐、过程设备和管线,导致二次火灾或爆炸。

格兰锡(Clancey)建立了爆炸物的质量和爆炸碎片的最大水平射程之间的经验关系,如图 2-1 所示。事故调查期间,该关系在计算碎片被抛射到所观察的位置处所需的能量等级时很有效。

2) 冲击波的伤害

在爆炸事故中,人将遭受直接爆炸效应(包括超压和热辐射)或间接爆炸效应(大部分为抛射物伤害)的伤害。

粉尘爆炸或气体爆炸(爆燃或爆轰)导致反应前沿从引燃源处向外移动,其前方是冲

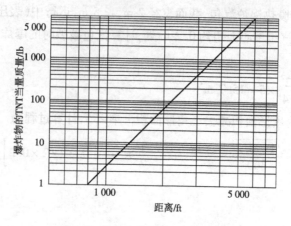

图 2-1 爆炸碎片的最大水平射程
(注:1 lb = 0.453 6 kg;1 ft = 30.48 cm)

击波或压力波前沿。可燃物质消耗完后,反应前沿终止,但是压力波继续向外移动。冲击波由压力波和随后的风组成,具有很大的破坏作用。如图 2-2 所示,对于典型的冲击波,在距离爆炸中心一定距离处压力随时间而变化。爆炸在 t_0 时刻发生。激震前沿从爆炸中心到受影响位置所需的时间很短,为 $t_1 - t_0$。时刻 t_1 称为到达时间。在时刻 t_1 处,激震前沿到达并出现最大超压,后面紧跟着强烈而短暂的风。在时刻 t_2 处,压力迅速降低至周围环境压力,但是风会在同一方向持续一段时间。从 t_1 至 t_2 的时间间隔称为冲击持续时间。冲击持续时间是对独立的建筑物破坏最大的一段时间,因此,该值对于估算破坏很重要。持续降低的压力在 t_3 时刻降至周围环境压力以下,形成最大负压。对于大多数从 t_2 至 t_3 时段的负压,爆炸风反方向朝爆炸源点吹去。对于典型的爆炸,最大负压仅有不到 1 atm(1 atm = 1.01×10^5 Pa),故负压期所造成的损害比超压期小得多。但是对于大爆炸和核爆炸,负压很大,从而导致非常大的损害。在 t_3 时刻降至最大负压后,压力将在 t_4 时刻升至周围环境压力,在该时刻爆炸风和直接的破坏会终止。

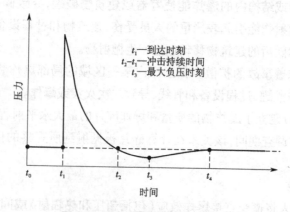

图 2-2 固定位置处的冲击波压力

2.4 惰化防火措施

爆炸下限(LEL)是针对空气中的燃料而言的。其中,氧气是关键因素,并且存在着传播火焰的最小氧浓度。不管燃料的浓度是多少,通常降低氧浓度就能阻止火灾的发生,这是常用的惰化方法的基础。低于极限氧浓度(LOC),反应就不能产生足够的热量,不能将整个气体混合物(包括惰性气体)加热到火焰自传播的程度。

惰化是把惰性气体加入可燃性混合气体中,使氧气浓度降低到 LOC 以下的过程。惰性气体通常是氮气或二氧化碳,有时也用水蒸气。对于大多数可燃气体,LOC 约为 10%;对于大多数粉尘,LOC 约为 8%。惰化最初是用惰性气体吹扫容器,以使氧气浓度降至安全浓度以下。通常使用的控制点比 LOC 低 4%,也就是说,如果 LOC 为 10%,那么控制点的氧气浓度为 6%。空容器被惰化后,开始充装可燃性物质。需要使用惰化系统来维持液面上方气相空间的惰化环境。理想情况下,这一系统应该包括惰性气体自动添加功能,以便控制氧气浓度低于 LOC。该控制系统应该具有分析器,从而可以连续监测氧气浓度,并且能够在氧气浓度接近 LOC 时,控制惰性气体添加系统添加惰性气体。然而,通常情况下,惰化系统仅包括用来维持气相空间中惰性气体压力的调节器,这样就确保了惰性气体总是从容器中流出,而不是空气流入容器中。而分析系统却能在保证安全的前提下,极大地节约惰性气体的用量。

假设所设计的惰化系统用来维持氧气浓度低于 10%。随着氧气漏入容器,其浓度增大至 8%,来自氧气探测器的信号打开了惰性气体输入阀,直到氧气浓度被重新调整至 6%。这一闭环控制系统具有高(8%)、低(6%)惰化设置点,可维持氧气浓度处于具有一定安全裕度的安全水平。

可使用以下几种惰化方法将初始氧气浓度降低至低设置点:真空惰化、压力惰化、压力-真空联合惰化、使用不纯的氮气进行真空和压力惰化、吹扫惰化和虹吸惰化。

2.4.1 真空惰化

化工过程中的压力容器和耐压反应器,由于具有一定的抗压能力,比较适合采用真空惰化。真空惰化包括以下步骤:对容器抽真空直到达到所需的真空度为止;用氮气或二氧化碳等惰性气体来消除真空,直到达到大气压力;重复上述步骤,直到达到所需的氧化剂浓度。

真空下初始氧化剂浓度(y_0)与初始浓度相同,初始高压(p_H)和低压(p_L)或真空下的物质的量可利用状态方程计算。

真空惰化过程可用图 2-3 所示的进程进行说明。某已知尺寸的容器从初始氧气浓度 y_0 被真空惰化为最终的目标氧气浓度 y_j。容器初始压力为 p_H,使用压力为 p_L 的真空装置进行真空惰化。用氮气初次惰化后氧气的浓度为

$$y_1 = \frac{(n_{oxy})_{1L}}{n_H} = y_0\left(\frac{n_L}{n_H}\right) \tag{2-12}$$

式中 $(n_{oxy})_{1L}$——初次惰化后容器中氧气的物质的量,mol;

n_H——高压下容器中气体的物质的量,mol;

n_L——低压下容器中气体的物质的量,mol。

如果真空和惰化消除过程重复进行,第二次惰化后的浓度为

$$y_2 = \frac{(n_{oxy})_{2L}}{n_H} = y_1\left(\frac{n_L}{n_H}\right) = y_0\left(\frac{n_L}{n_H}\right)^2 \tag{2-13}$$

式中 $(n_{oxy})_{2L}$——第二次惰化后容器中氧气的物质的量,mol。

每当需要将氧气浓度降低到所期望的水平时,就要重复该过程。j 次惰化循环(即真空和惰化消除)后的浓度由下述普遍性方程给出:

$$y_j = y_0\left(\frac{n_L}{n_H}\right)^j = y_0\left(\frac{p_L}{p_H}\right)^j \tag{2-14}$$

该方程假设每次循环的压力极限 p_H 和 p_L 都是相同的。

每次循环所添加的氮气的总物质的量为一常数。j 次循环后,氮气的总物质的量为

$$n_{N_2} = j(p_H - p_L)\frac{V}{RT} \tag{2-15}$$

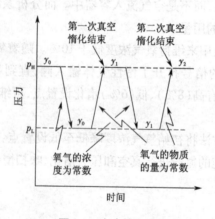

图 2-3 真空惰化循环

【例2-4】 使用真空惰化技术将 3.8 m³ 容器内的氧气浓度降低至 1×10^{-6}。计算所需的惰化次数和所需的氮气量。温度为 297 K,容器刚开始是在周围环境条件下充入空气。使用真空泵达到 2.66×10^3 Pa(20 mmHg) 的绝对压力,随后真空被氮气消除,直到压力恢复至 1.01×10^5 Pa(760 mmHg)(绝对)。

解:初始状态和终止状态的氧气浓度分别为

$y_0 = 0.21$

$y_j = 1 \times 10^{-6}$

所需的循环次数由式(2-14)计算:

$$y_j = y_0 \left(\frac{p_L}{p_H}\right)^j$$

$$\ln\left(\frac{y_j}{y_0}\right) = j\ln\left(\frac{p_L}{p_H}\right)$$

$$j = \frac{\ln(10^{-6}/0.21)}{\ln(20/760)} = 3.37$$

可知惰化次数为 3.37 次，即需要 4 次循环才能将氧气浓度降低至 1×10^{-6}。

由式(2-15)计算所需使用的氮气的量。

$$p_L = \frac{20}{760}\times 1.01\times 10^5 = 0.266\times 10^4\ \text{Pa}$$

$$n_{N_2} = j(p_H - p_L)\frac{V}{RT}$$

$$= 4\times(1.01\times 10^5 - 0.0266\times 10^5)\times \frac{3.8}{8.314\times 297}$$

$$= 605\ \text{mol}$$

2.4.2 压力惰化

容器通过添加带压的惰性气体而得到压力惰化。添加的气体扩散并遍及整个容器后，与大气相通，使压力降至周围环境压力。将氧化剂浓度降至所期望的浓度可能需要一次以上的压力循环。

将氧气浓度降低至目标浓度的循环如图 2-4 所示。在这种情况下，容器初始压力为 p_L，使用压力为 p_H 的纯氮气源加压。

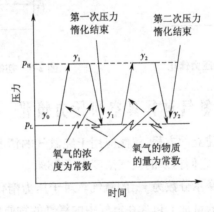

图 2-4 压力惰化循环

由于容器是使用纯氮气加压，因此，在加压过程中氧气的物质的量不变，但摩尔分数变小；在降压过程中，总物质的量减少，但由于容器内气体组成不变，因而氧气的摩尔分数不变。该惰化过程所使用的关系与式(2-14)相同。

压力惰化较真空惰化的优点是潜在的循环时间缩短了。加压过程比制造真空过程要快得多。然而,压力惰化需要较多的惰性气体。因此,应根据成本和性能来选择最优的惰化过程。

2.4.3 压力-真空联合惰化

某些情况下,可同时使用压力和真空来惰化容器。计算过程依赖于容器是否被首先抽空或加压。

初始为加压惰化的惰化循环如图2-5所示。在这种情况下,循环的开始定义为初始加压的结束。如果初始氧气的摩尔分数为0.21,初始加压后氧气的摩尔分数由下式给出:

$$y_0 = 0.21\left(\frac{p_0}{p_H}\right) \tag{2-16}$$

在该点处,剩余的循环与压力惰化相同,可使用式(2-14)。然而,循环的次数 j 为初始加压后的循环次数。

初始为真空惰化的惰化循环如图2-6所示。在这种情况下,循环的开始定义为初始真空的结束。该点处氧气的摩尔分数与初始氧气的摩尔分数相同。剩余的循环与真空惰化操作相同,可直接使用式(2-14)。然而,循环的次数 j 为初始抽真空后的循环次数。

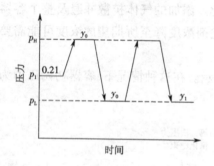

图2-5 初始加压的真空-压力惰化

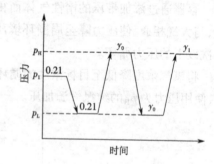

图2-6 初始抽真空的真空-压力惰化

2.4.4 使用不纯的氮气进行真空和压力惰化

为真空和压力惰化而建立的方程,仅能应用于纯氮气的情况。如今许多氮气分离过程并不能提供纯净的氮气,它们提供的氮气浓度大于98%。

假设氮气中含有恒定摩尔分数为 y_{oxy} 的氧气。对于压力惰化过程,初次加压后,氧气的总物质的量为初始物质的量加上包含在氮气中的氧气的物质的量,其值为

$$n_{oxy} = y_0\left(\frac{p_L V}{RT}\right) + y_{oxy}(p_H - p_L)\frac{V}{RT} \tag{2-17}$$

初次加压后,容器内的总物质的量由下式给出:

$$n_{tot} = \frac{p_H V}{RT} \tag{2-18}$$

因此,该循环结束后氧气的摩尔分数为

$$y_1 = \frac{n_{\text{oxy}}}{n_{\text{tot}}} = y_0\left(\frac{p_L}{p_H}\right) + y_{\text{oxy}}\left(1 - \frac{p_L}{p_H}\right) \tag{2-19}$$

对于第 j 次压力循环后的氧气浓度,该结果可普遍化为以下两个递归方程:

$$y_j = y_{j-1}\left(\frac{p_L}{p_H}\right) + y_{\text{oxy}}\left(1 - \frac{p_L}{p_H}\right) \tag{2-20}$$

$$y_j - y_{\text{oxy}} = \left(\frac{p_L}{p_H}\right)^j (y_0 - y_{\text{oxy}}) \tag{2-21}$$

对于压力和真空惰化,可用式(2-21)代替式(2-14)。

2.4.5 吹扫惰化

吹扫惰化过程是在一个开口处将惰化气体加入容器内,并在另一个开口处将混合气体从容器内抽出到环境中。当容器或设备没有针对压力或真空划分等级时,通常使用该惰化过程;惰化气体在大气环境压力下被加入和抽出。

假设气体在容器内完全混合,温度和压力为常数。在这些条件下,排出气流的质量(或体积)流率等于进口气流的质量(或体积)流率。容器周围的物质平衡为

$$V\frac{dc}{dt} = c_0 Q_V - c Q_V \tag{2-22}$$

式中 V——容器体积;
c——容器内氧化剂的浓度;
c_0——进口氧化剂的浓度;
Q_V——体积流量;
t——时间。

进入容器的氧化剂的质量或体积流量为 $c_0 Q_V$,流出的氧化剂流量为 cQ_V。将式(2-22)整理和积分,得到

$$Q_V \int_0^t dt = V \int_{c_1}^{c_2} \frac{dc}{c_0 - c} \tag{2-23}$$

将氧化剂的浓度从 c_1 减小至 c_2,所需的惰性气体的体积为 cQ_V,使用下式计算:

$$Q_V t = V \ln\left(\frac{c_0 - c_1}{c_0 - c_2}\right) \tag{2-24}$$

对于许多系统,$c_0 = 0$。

2.4.6 虹吸惰化

吹扫惰化过程需要大量的氮气。当惰化大型容器时,代价会很高。使用虹吸惰化可使这种类型的惰化费用降至最低。

虹吸惰化过程一开始是用液体(可以是水,也可以是其他任何能与容器内的产品互溶的液体)充满容器,随后在液体排出容器时将惰化气体加入容器的气相空间。惰化气

体的体积等于容器的体积,惰化速率等于液体体积排放速率。使用该方法,对于额外的吹扫惰化,仅需要少许额外的费用就能将氧气浓度降至低浓度。

2.5 可燃性三角图及应用

描述气体或蒸气可燃性的一般方法就是图2-7所示的三角图。燃料、氧气和惰性气体的浓度(以体积或摩尔分数表示)标绘在三条轴上。三角的顶点分别表示100%的燃料、氧气和惰性气体。点A代表甲烷含量60%、氧气含量20%、氮气含量20%的混合气体。虚线所包围的区域代表位于该范围内的混合气体都具有可燃性。由于点A位于可燃区域范围之外,因此该混合气体是不可燃的。

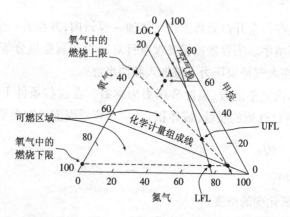

图2-7 初始温度为25 ℃,压力为 1.01×10^5 Pa 时甲烷的可燃性图

图2-7中的空气线代表燃料和空气所有可能的组合。空气线与氮气轴相交于纯净空气中79%的氮气含量(21%的氧气含量)处。空气线与可燃区域边界的交点就是UFL和LFL。

化学计量组成线代表1 mol燃料与氧气的所有化学计量组成。燃烧反应如下所示:

$$\text{燃料} + z\text{O}_2 \longrightarrow \text{燃烧产物} \tag{2-25}$$

式中 z——氧气的化学计量系数。

化学计量组成线与氧气轴(氧气的体积分数)的交点处氧气的体积分数由下式计算:

$$\varphi_{\text{O}_2} = 100\left(\frac{z}{1+z}\right) \tag{2-26}$$

化学计量组成线由该点与纯氮气的顶点连接绘制而成。

式(2-26)是假设在氧气轴上不存在任何氮气而得到的。因此,现有的物质的量是燃料的物质的量(1 mol)加上氧气的物质的量(z mol),即总物质的量为 $(1+z)$ mol,氧气的现有摩尔分数(等于体积分数)由式(2-26)给出。

图2-7中显示了LOC线。显然,对于任何混合气体,当其含有的氧气浓度低于LOC时,它是不会燃烧的。

可燃性图上的可燃区域的形状和尺寸随许多参数而变化,包括燃料的种类、温度、压力和惰性气体的种类。因此,燃烧极限和LOC也随这些参数而发生变化。

通过对可燃性三角图进行分析,可得到以下结论。

①如果两种气体混合物R和S混合在一起,那么得到的混合物的组成位于可燃性图中连接点R和点S的直线上。最终混合物在直线上的位置取决于两种混合物的相对物质的量:如果混合物S的物质的量较多,那么混合后的混合物的位置就接近于点S。这与相图中使用的杠杆规则是相同的。

②如果混合物R被混合物S连续稀释,那么混合后的混合物的组成将在可燃性图中连接点R和点S的直线上移动。随着稀释不断进行,混合物的组成越来越接近于点S。最后,无限稀释后,混合物的组成将位于点S处。

③对于组成点落在穿越相对应的一种纯组分的顶点的直线上的系统来说,其他两组分将沿该直线的全部长度以固定比存在。

④通过读取化学计量组成线与经过LFL的水平线的交点处氧气的浓度可以估算LOC。

$$\text{LOC} = z\text{LFL} \tag{2-27}$$

这些结论对于在操作过程中追踪气体组成,以确定该过程中是否存在可燃性混合物很有用。例如,对于一个装有纯甲烷的贮罐,作为定期维护程序的一部分,必须对内壁进行检查。进行该项操作前,必须把甲烷从贮罐中转移出来,并充入空气,以便检查人员有足够的空气呼吸。该程序的第一步就是将贮罐内的压力降至大气压。此时,贮罐内装有100%的甲烷,由图2-8中的点A代表。如果打开贮罐使空气进入,贮罐内气体的组成将沿图2-8中的空气线移动直至容器内气体的组成最终达到点B,即纯空气。注意在该操作的某些点处,气体组成经过了可燃区域。如果存在足够能量的引燃源,就会导致火灾或爆炸。

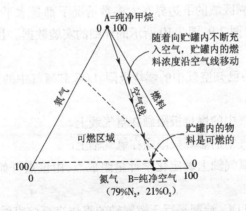

图2-8 进行容器惰化操作时的气体浓度

往贮罐内重新装入甲烷的过程恰好相反。在该情形下,重装过程由图2-8中的点B开始,如果关闭贮罐,并充入甲烷,贮罐内气体的组成将沿空气线移动并在点A处结束。

当气体组成经过可燃区域时,混合物再一次成为可燃物。对于这两种情况,可使用惰化的方法来避开可燃区域。

整个可燃性图的确定,需要使用特定的测试仪器进行数百次的实验。对于甲烷和乙烯,实验数据分别如图2-9和图2-10所示。由于最大压力超过了容器的压力等级,或者由于燃烧不稳定,或观察到有向爆轰的转变,因此,未能得到可燃区域中部的数据。依据ASTM E918,如果引燃后增大的压力大于初始周围环境压力的7%,混合物就被认为是可燃的。需要注意的是,图中显示的数据要比定义燃烧极限所需的数据还要多。这样做是为了对混合物在较宽范围内燃烧压力随时间的变化行为进行更全面的理解。该信息对于爆炸的缓解非常重要。

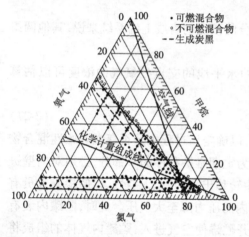

图2-9 甲烷的实验可燃性图

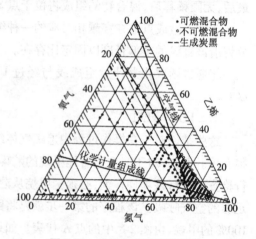

图2-10 乙烯的实验可燃性图

许多重要的特性都显示在图2-9和图2-10中。首先,乙烯的可燃区域比甲烷的可燃区域大得多,乙烯的UFL非常高;其次,在可燃区域的上部,即燃料较丰富的部分,燃烧产生大量的黑烟;最后,可燃区域的下边界在大多数情况下都是水平的,且近似于LFL。对于大多数体系,并没有像图2-9、图2-10所示的详细的实验数据。目前已经开发出几种估算可燃区域的方法。

方法一(见图2-11):已知空气中的燃烧极限、LOC和氧气中的燃烧极限,估算方法如下。

①以点的形式将空气中的燃烧极限画在空气线上。

②以点的形式将氧气中的燃烧极限画在氧气轴上。

③使用式(2-26)在氧气轴上确定化学计量组成点,由该点开始到100%氮气顶点绘制化学计量组成线。

④在氧气轴上定位LOC,绘制平行于燃料轴的直线直至该直线与化学计量组成线相交。在交点处绘制一点。

⑤连接所显示的所有点。

由该方法得到的可燃区域只是真实区域的近似。需要注意的是,图2-9和图2-11中

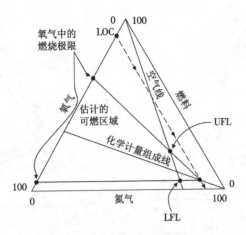

图 2-11　估算可燃区域的方法一

确定区域极限的线并不刚好是直线。该方法需要在氧气中的燃烧极限,该数据并不是很容易就能得到的。常用的物质在氧气中的燃烧极限见表 2-5。

表 2-5　氧气中的燃烧极限

物质	化学式	氧气中的燃烧极限		物质	化学式	氧气中的燃烧极限	
		下限	上限			下限	上限
氢气	H_2	4.0	94	乙烯	C_2H_4	3.0	80
氘	D_2	5.0	95	丙烯	C_3H_6	2.1	53
一氧化碳	CO	15.5	94	环丙烷	C_3H_6	2.5	60
氨气	NH_3	15.0	79	二乙醚	$C_4H_{10}O$	2.0	82
甲烷	CH_4	3.1	61	二乙烯基醚	C_4H_6O	1.8	85
乙烷	C_2H_6	3.0	66				

方法二(见图 2-12):已知空气中的燃烧极限和 LOC,估算方法如下。使用方法一中的步骤①、③和④。在该情形下,仅连接可燃区域前端的点。虽然可燃区域扩充了抵达氧气轴的所有路径和扩充了其大小,但是自空气线到氧气轴的可燃区域在没有额外数据的情况下不能被细化。下边界也可以由 LFL 来近似。

方法三(见图 2-13):已知空气中的燃烧极限,估算方法如下。使用方法一中的步骤①和③。由式(2-27)估算 LOC。这仅仅是估算,通常给出的 LOC 值是保守的。

可燃性三角图是阻止可燃性混合物存在的重要工具。由于引燃源过多,单单依靠消除引燃源来防止火灾的发生是不够的。一个比较可靠的设计是把防止可燃性混合物存在作为主要的控制手段;其次,才是消除引燃源。对于确定是否存在可燃性混合物以及为惰化、惰化过程提供目标浓度来说,可燃性图很重要。

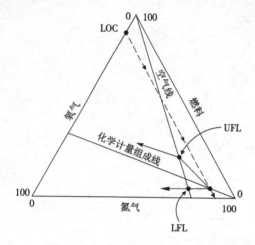

图 2-12 估算可燃区域的方法二

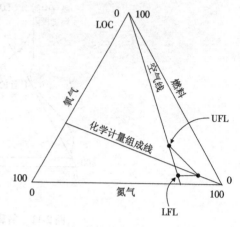

图 2-13 估算可燃区域的方法三

2.6 爆炸破坏的防护

2.6.1 爆炸封锁

爆炸封锁就是按已制定的压力容器设计规范,设计能够承受足够压力的容器。但是所考虑的容器越大,设计就越困难,对于大型容器来说常常难以实现。

对于不经常发生爆炸,而且很难找到其他合适的防爆措施的场合而言,设计一个机械强度很低但耐压力冲击的容器常常是比较好的选择。这样就必须选用具有足够韧性的材料,这些材料的延伸率和切口冲击韧性要完全符合压力容器规范的要求。把容器设计成能承受最大爆炸压力而不破裂的结构,一旦内部爆炸,材料发生变形就能起到防爆作用。

如果对容器内的可燃气(蒸气)或粉尘的爆炸采用爆炸封锁的防护措施,就必须对抗压容器进行持续的压力负荷试验,而且要反复进行,否则,抗压容器应采用不带压操作(在容易发生粉尘爆炸的地方更应如此)。经验证明,这类容器在爆炸发生以后多数不用修理便可继续使用。

2.6.2 泄压防护

设备失效或操作者操作失误都会引起过程压力的增大,若压力超过管线和容器的最大强度,就可能导致过程装置的爆炸,造成一些破坏。防止超压的一种方法是安装泄爆系统,利用泄爆装置泄爆可以把容器中因快速燃烧产生的最大爆炸压力限制到不会使容器结构产生极大应力或破坏的程度,常用的泄爆装置有弹性开启式安全阀和爆破片。

2.6.3 爆炸抑制

爆炸抑制的基本原理就是在爆炸形成的早期阶段将其检测出来,并用灭火介质覆盖在系统上以防止爆炸进一步发展。抑制剂可以是液态、雾态或粉末状的形式。两种最普通类型的抑制剂是卤代烃(如氯溴甲烷)和磷酸铵粉末,在某些情况下也使用水。抑制剂的作用包括以下方面。

①冷却可燃区域,如利用液态抑制剂的蒸发。
②清除游离基:抑制剂中的活性物质能阻止使燃烧传播的化学反应链。
③提前惰化:在未燃烧的混合物中加入适当浓度的抑制剂可使混合物变成不燃混合物。
④隔绝氧。
⑤物理熄灭:未燃烧微粒或液滴引起凝聚作用使抑爆条件占优势。

如果设备装置的几何形状使泄爆变得比较困难(如导管结构在急骤干燥器内就不能有效地泄爆),往往采用抑制措施代替泄爆。另外,如果装置位于不能够向外面安全泄爆的地方或位于泄爆时释放的物质会引发问题的地方,最好的办法通常就是抑制。

与泄爆相比,抑制措施的安装和维护费用高得多,但是事故后只有较少的污染,通常不需要大量的清理工作。爆炸抑制不仅保护了设备本身,而且还保护了现场操作人员。在无法避免粉尘沉积的地方,爆炸抑制措施往往能够帮助避免发生二次爆炸。

2.6.4 惰化

惰化可以应用于任何过程单元,包括压力容器、储藏容器、管线、蒸馏塔等。惰化的方法很多,如真空惰化、压力惰化、压力-真空联合惰化、吹扫惰化、虹吸惰化等。具体选择哪一种方法,需要考虑诸多因素,如过程装置如何设计、惰化的成本、过程中的真空度或压力等级、过程装置的几何结构以及操作某一惰化步骤所需要的时间等。

2.6.5 连接和接地

两个导电物体之间的电压差通过将这两个导体连接起来而减为零。所谓连接,即将一根电线的一端与其中一个物体连接,另一端与另一个物体连接。

几组连接在一起的物体,每组都具有不同的电压。组间的电压差通过将每组与地面连接而减为零,这就是接地。

连接和接地将整个系统的电压减小到地面水平,或者零电压。这样就消除了系统各部位之间积累的电荷,消除了潜在的静电火花。连接和接地的例子如图 2-14 所示。

玻璃和塑料衬里的容器通过衬垫或金属探针接地,如图 2-15 所示。然而,当容器内盛有低导电性的液体时,该技术无效。在这种情况下,充装管线应延伸到容器的底部(见图 2-16),以帮助消除充装操作中分离过程导致的电荷(和聚集)。

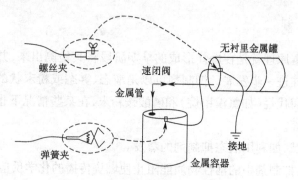

图 2-14　容器与储罐的连接与接地

2.6.6　浸渍管

延伸的管线,有时也称作浸渍腿或浸渍管,能减少液体自由下落时的静电积聚。然而使用浸渍管时必须十分小心,要防止充装停止时液体因虹吸而倒流出来。通常使用的方法是将浸渍管上的孔靠近容器的顶部。另一种方法是使用角铁代替管子,使液体沿角铁流下(见图2-16)。在对圆桶进行充装时,也可以使用这些方法。

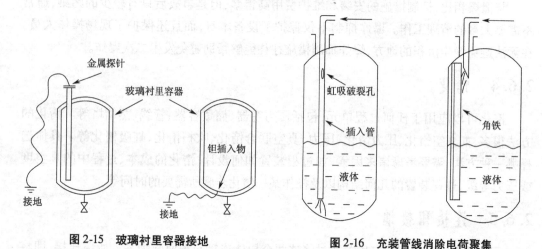

图 2-15　玻璃衬里容器接地　　　　图 2-16　充装管线消除电荷聚集

2.7　泄压系统

在化工生产中,设备失效或操作者操作失误都会引起过程压力增大,超过安全的水平,进而导致超压爆炸。防止这类事故的最后一种方法是安装泄压系统,以便在显现过大的压力之前释放掉液体或气体。

2.7.1　泄压系统的作用

安装压力泄放系统具有如下作用:保护个人免受来自超压设备的危险;在压力紊乱

期间使化学物质的损失尽量减少;防止对设备造成破坏;防止对邻近财产造成损害。

2.7.2 泄压设计步骤

泄压设备安装使用一般按照以下五个步骤进行:

第一步,确定泄压设备的安装位置;

第二步,选择正确的泄压设备类型,大多依赖于所要泄放的物质的特性和所需的泄放特性;

第三步,设想泄放能够发生的各种情形,目的是确定物质通过泄压设备的质量流速和物质的物理状态;

第四步,收集泄放过程中的数据,包括喷射出的物质的物理性质,并确定泄压设备的尺寸;

第五步,选择最坏的泄放情形,完成最终的设计。

上述步骤中的每一步对于安全设计来说都是重要的,其中任何一步的失误都能导致突发性的失效。

2.7.3 泄压设备的位置

确定泄放的位置,需要了解过程中的每个单元操作以及每个操作步骤,预测可能导致压力上升的潜在问题。泄压设备要安装在确定的每个潜在危险源处,即该处的紊乱条件产生的压力超过了最大允许工作压力。

1) 需要了解的问题

①伴随冷却、加热和搅动失效会发生什么?

②如果过程受到污染,或者催化剂、单体误排,会发生什么?

③如果操作失误会发生什么?

④关闭暴露于热或冷冻环境下的充满液体的容器或管线上的阀门的后果是什么?

⑤如果管线失效,例如,进入低压容器的高压气体管线失效,会发生什么?

⑥如果操作单元被包围于火灾中会发生什么?

⑦什么条件能引起反应失控?应该怎样设计泄压系统以处理反应失控带来的泄放?

2) 确定泄压设备位置的一些指南

①所有容器都需要泄压设备,包括反应器、贮罐、塔器和桶。

②暴露于热(如太阳)或冷冻环境下的装有冷液体的管线的封闭部件,需要泄压设备。

③正压置换泵、压缩机和涡轮机的排放一侧,需要泄压设备。

④贮存容器需要压力或真空泄压设备,保护封闭容器免于吸入和抽出,或避免由凝结导致的真空。

⑤容器的蒸汽护套通常根据低压蒸汽进行分级。泄压设备安装在护套中,防止由于操作者失误或调压器失效导致过高的蒸汽压力。

【例 2-5】 确定图 2-17 所示的简单聚合反应器系统的泄压设备的位置。该聚合过程的主要步骤包括:①将 45.4 kg 引发剂充装入反应器 R-1;②加热至反应温度 116 ℃;③加入单体,历时 3 h;④使用阀 V-15,通过真空的方法将剩余的单体移除。由于反应是放热的,在单体加入期间需要用冷却水冷却。

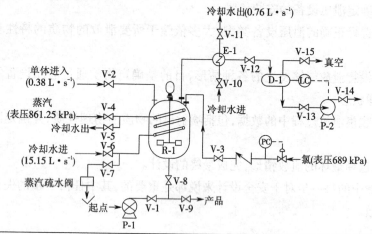

说明:			
名称	描述	最大压力/kPa	344.7 kPa 表压下的流量/(L·s^{-1})
D-1	378.5 L 的圆桶	344.7	—
R-1	378.5 L 的反应器	344.7	—
P-1	齿轮泵	689.4	6.31
P-2	离心泵	344.7	1.26

管道	水蒸气和水管线	氯管线	蒸汽管线
直径/mm	50.8	25.4	12.7

图 2-17 没有安全泄压装置的聚合反应器系统

解:确定泄压设备位置的方法如下。

①反应器(R-1):反应器应安装泄压设备,因为一般情况下每个过程容器都需要一个泄压设备。对于压力安全阀 1,泄压设备被注为 PSV-1,下同。

②正压置换泵(P-1):如果正压置换泵在没有减压设备(PSV-2)的情况下被憋压,就会过载、过热或遭受破坏。这种类型的泄压排放,通常经过再循环重新回到进料容器。

③热交换器(E-1):当水阻塞在热交换管道(V-10 和 V-11 关闭)和热交换器被加热(如蒸汽加热)时,过高的压力将导致热交换管破裂。这种危害可通过增加 PSV-3 来消除。

④桶(D-1):所有过程容器都需要泄压阀,故安装 PSV-4。

⑤反应器盘管:当水阻塞在盘管中(V-4、V-5、V-6 和 V-7 关闭),盘管被蒸汽或太阳加热时,反应器盘管就会因过高的压力而被撑破,故在该盘管中增设 PSV-5。

安装泄压设备后的聚合反应器系统如图 2-18 所示。

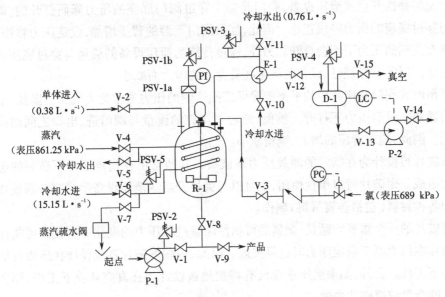

图 2-18　带有安全泄压装置的聚合反应器系统

2.7.4　泄压设备的类型

对于特定的应用对象,应选择特定类型的泄压设备。例如,液体、气体、气液共存体、固体和腐蚀性物质,可能被排放到大气或密闭系统(洗涤器、火炬、冷凝器、焚化炉及类似的装置)中。在工程中,泄压设备的类型是根据泄压系统、过程条件和释放液体的物性等详细情况确定的。

有两种一般类型的泄压设备(弹性开启式安全阀和爆破片)和两种主要类型的弹性开启式安全阀(传统的安全阀和平衡腔式安全阀),如图 2-19 ~ 图 2-21 所示。

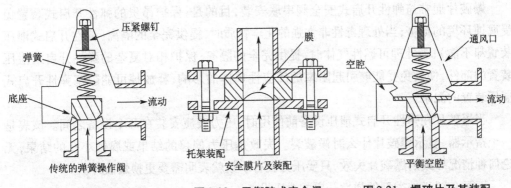

图 2-19　传统的安全阀　　图 2-20　平衡腔式安全阀　　图 2-21　爆破片及其装配

弹性开启式安全阀是利用可调的弹簧张力调整进口压力的。泄压设备设定的压力通常超出正常操作压力 10%。为避免人为改变该设置,在可调节的螺丝钉上设有螺纹帽。

传统的弹性开启式泄压设备，阀门是基于穿过阀门底座的压力降而打开的，即设定压力与穿过底座的压力降成正比。因此，如果阀门下游的背压增加，设定压力将增大，阀门可能在正确的压力下不会打开。另外，通过传统的泄压设备的流量与穿过底座的压力降成正比。因此，通过泄压设备的流量随着背压的增大而减小。

平衡腔式阀门底座背后的平衡腔确保底座这侧的压力通常为大气压。因此，平衡腔式阀门通常在设定压力下打开。然而，通过平衡腔的流量与阀门进、出口之间的压力降成正比。因此，随着背压的增大，流量减小。

爆破片被设计为在指定的泄放压力下破裂。其通常由在指定压力下破裂的金属校准薄片组成。爆破片可以单独使用，也可以与弹性开启式泄压设备串联或并联使用。其能够用各种材料（包括防腐材料）制作。

爆破片的一个重要问题是，金属的可扰性随着过程压力的变化而变化。可扰性能导致爆破片在压力低于设定压力时过早失效。因此，一些爆破片系统设计在压力远低于设定条件下工作。另外，如果泄压系统没有特别地被设计为在真空环境下工作，那么真空环境可能会导致爆破片失效。

爆破片系统的另一个问题是，一旦打开就不能关闭。这可能会导致过程物质全部排放，也可能会使空气进入过程当中，导致火灾和（或）爆炸。在一些事故中，爆破片往往在过程操作人员没有意识到的情况下就破裂了。为了防止这种问题出现，可使用内含金属丝网的爆破片，金属丝网在其破裂时会被剪掉，从而在控制室引发报警，以警告操作人员。另外，当爆破片破裂时，碎片可能移动，造成潜在的下游阻塞。

如果在特定的过程操作条件下，对爆破片及其系统进行特定而正确的设计，那么这些问题就可以被解决。

爆破片较弹性开启式泄压设备能在更大尺寸的条件下使用，最大的商用尺寸直径达数米。爆破片的成本比当量尺寸的弹性开启式泄压阀低。

爆破片通常与弹性开启式安全阀串联安装，目的是：保护昂贵的弹性开启式装置免受腐蚀环境的损害；当处理毒性非常强的化学物质时，提供完全的隔离（弹性开启式泄压装置却不能）；当处理可燃性气体时，提供完全的隔离；保护相对复杂的弹性开启式泄压装置的部件，使其免受能够引起阻塞的反应性单体的影响；释放掉可能阻塞弹性开启式泄压装置的泥浆。

当爆破片在弹性开启式泄压设备前使用时，压力表应安装在两个设备之间。该表是一个指示器，显示爆破片什么时候破裂。失效是压力偏移的结果或腐蚀小孔的结果，无论何种情况导致的爆破片失效，只要压力表有示数就表明需要更换爆破片。

下面介绍三种类型的弹性开启式泄压设备。

(1) 仅用于液体的泄压阀

仅用于液体的泄压阀在设定压力下开启。当压力超压 25% 时，阀全部打开。随着压力恢复到设定压力，阀逐渐关闭。

(2) 仅用于气体的安全阀

当压力超过设定压力时,该类型安全阀突然打开。泄放过程由排放喷嘴来完成,该喷嘴使高速物质朝向阀座喷射。在压力排放后,安全阀在约低于设定压力4%时复位,该阀具有4%的压降。

(3) 用于液体和气体的安全泄压阀

对于液体,安全泄压阀的功能与泄压阀相同;对于气体,其功能与安全阀相同。

【例2-6】 确定例2-5中聚合反应器系统所需的泄压设备的类型(见图2-18)。

解:①PSV-1a是保护PSV-1b免受反应性单体影响的爆破片(隔离聚合)。

②PSV-1b为安全泄压阀,因为反应失控会导致两相流,既有液体,也有蒸气。

③PSV-2为泄压阀,因为该阀处于液体管线中。

④PSV-3为泄压阀,因为仅用于液体。

⑤PSV-4为安全泄压阀,因为可能会有液体或蒸气。由于该出口通向可能具有较大背压的洗涤塔,所以要确定平衡腔。

⑥PSV-5是仅针对液体使用的泄压阀。该阀对于以下情景提供保护:由于所有阀门的关闭,液体被阻塞;反应热使周围反应堆流体的温度升高;因为热膨胀,盘管内的压力增大。

2.7.5 泄放情形

泄放情形是对某一特定的泄放事件的描述。通常每次泄压都会有多个泄放事件,最坏事件是需要最大泄放面积的情形或事件。泄放事件的泄放情形的例子如下。

①泵被憋压:泵的泄放尺寸应设计为能够处理在额定压力下整个泵的容量。

②具有氮气调节器的管线上相同泵的泄放:如果调节器失效,泄放尺寸应设计为能够处理氮气。

③相同的泵连接在具有流通蒸气的热交换器上:泄放尺寸应设计为能够处理在不能控制的条件下喷射进入热交换器的蒸气,例如,蒸气调节器失效。

对于每次特定的泄放,要列出所有可能出现的情形,随后对每一种情形下的泄放面积进行计算,最坏事件情形就是最大泄放面积的事件。

对于图2-18所描述的反应器系统泄放情形的详细叙述见表2-6。随后通过计算每种情形下的最大泄放面积来确定最坏事件情形。表2-6中有三个泄放具有多种情形,需要计算进行比较,以建立最坏情形。其他三种泄放仅有一种情形,因此它们本身就是最坏事件情形。

表 2-6 例 2-5 中的泄放情形(见图 2-18)

泄放的确定	情 形
PSV-1a 和 PSV-1b	①充满液体的容器和泵 P-1 事故性动作; ②冷却盘管被破坏,344.7 kPa 的水以 15.15 L·s^{-1}的流速进入; ③氮气调节器失效,导致通过 25.4 mm 管线的临界流动; ④反应期间冷却失效(反应失控)
PSV-2	V-1 事故性关闭;系统需要压力为 344.7 kPa、流速为 6.31 L·s^{-1}的泄放
PSV-3	受限水管被 861.25 kPa 的蒸汽加热
PSV-4	氮气调节器失效,导致通过 12.7 mm 管线的临界流动 注意:其他的 R-1 情形将经 PSV-1 泄放
PSV-5	水在盘管内被堵塞,反应热引起热膨胀

2.7.6 制定泄放尺寸的数据

在进行泄放尺寸计算时,需要物性数据,有时也需要反应速率特性。在设计单元操作时,使用工程假设估算得到的数据基本可以接受,因为唯一的结果是收益较差或质量较差。然而,在泄压设计中,这些类型的假设是不能接受的,因为误差将导致突然而危险的失效。

在为气体或粉尘爆炸做泄压设计时,需要其泄放情形条件下特殊的爆燃数据。失控反应是另一种需要专门数据的情形。众所周知,失控反应几乎总是导致两相流泄放。通过泄压系统的两相排放,与刚开瓶的含有二氧化碳的香槟酒的喷出相似。如果香槟酒在开启前被加热,瓶内全部的东西都可能泄放出来。该结论已经被化工厂中的失控反应所证实。

两相流动的计算相对复杂,特别是当条件变化很快时,如失控反应。为了获得相关的数据,并进行泄放尺寸的计算,已经建立了专用的计算方法。

几种商用的量热计可用来刻画失控反应的特征。每一种量热计都有不同的实例尺寸、容器设计、数据采集硬件和数据灵敏度。

实际上,所有这些量热计的工作方式是相同的。测试样品通过两种方式被加热。第一种方式是将样品按固定的温度增量加热至某一温度,然后量热计在该温度下保持一段固定的时间,确定是否有放热反应发生。如果没有检测到有反应发生,那么温度再增加一个增量。第二种方式是将样品以固定的温升速率加热,当量热计监视到有更高的温升速率时,就可以确定开始发生放热反应了。部分量热计将这两种方式结合起来使用。

由量热计得到的数据包括最大自加热速率、最高压力速率、反应开始温度以及温度和压力随时间的变化。

VSP(见图 2-22)本质上是绝热量热计。将少量(30~80 mg)被测物质装入薄壁的反应容器中。一系列受控加热器将样品温度升高至失控条件。在失控反应期间,VSP 设备跟踪罐内的压力,并在主要的密封容器内维持相似的压力,以防止薄壁样品盛装容器发生破裂。对于泄放尺寸计算特别重要的结果包括:在设定压力下的温度变化速率$(dT/dt)_p$和与超压Δp有关的温度增量ΔT。因为量热计开始工作时的质量和组分都是已知的,反应热可由温度T随时间t的变化得到(假设单体和产物的热容都是已知的)。

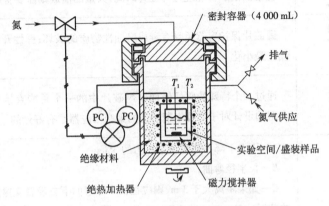

图2-22 绝热量热计结构示意

2.7.7 泄压系统的安装及泄放物质的安全处置

泄压系统由泄压设备(泄压阀、爆破片等)和安全处置泄放物质的过程设备(水平分液桶、火炬、洗涤器、冷凝器等)组成。选择好泄放类型和完成泄放尺寸计算之后,应确定怎样在系统中安装泄压设备以及怎样处置排放出来的液体和蒸气。

同化工厂内的其他系统相比,泄压系统是独特的:从不希望它们得到启用,但是一旦启用,它们必须毫无缺陷地运行。其他系统,如萃取系统和蒸馏系统,通常只要设计出适宜的性能和可靠性就可以了。但泄压系统的开发必须进行最佳设计,并在工厂投产之前在研究环境中进行验证。

1) 泄压装置的安装

不管泄放尺寸设计、确定和检验得多仔细,拙劣的安装都可能将导致泄压性能大打折扣。部分系统泄压装置的安装建议在表2-7中进行了说明。

表2-7 部分系统泄压装置的安装建议

系统	建议
容器	易腐蚀设备或者弹性开启阀可能会脱落的盛装高毒性物质的容器上安装爆破片
	在非常容易受腐蚀的设备上安装两个爆破片,第一个爆破片可能需要定期更换

续表

系统	建议
	安装爆破片和弹性开启泄压阀 正常的泄放可能经过弹性开启阀,大量的泄放则需要备用的爆破片
	爆破片保护容器免受有毒或腐蚀性物质的破坏;弹性开启泄压阀用来使损失最小化
	通过一个特殊的阀门使两个爆破片中的一个总能直接与容器相连。该类型的设计对于需要定期清洗的聚合反应器是有好处的
容器	A—压力下降不超过设定压力的3%; B—长半径弯曲; C—如果距离大于3 m,则应在长半径弯曲下方设置支撑重力和反作用力的装置
管道	用于气体系统的单个安全阀的泄放口面积应该不超过被保护管道截面积的2%; 可能需要交错设置的多级阀门
	A—过程管线不应与安全阀的进口管道相连接
	A—引起振动的设备; B—尺寸(B)如左图所示

引起振动的设备	直管线的最小直径/ft
调节器或阀门	25
不在同一平面内的2个直角弯或弯曲	20
同一平面内的2个直角弯或弯曲	15
1个直角弯或弯曲	10
脉冲消除装置	10

注:1 ft = 0.304 8 m。

2) 泄压设计需要考虑的事项

泄压系统设计师除了必须熟悉政府法规、工业标准及所需的保护性措施外,还需要考虑释放物质高速流过泄压系统时产生的反作用力。从环保的角度出发,目前很少向大气环境泄放,大多数情况下,泄放首先排向分液器系统,将液体与蒸气分离,液体在这里被收集起来,蒸气被排向另一个处理单元。随后的蒸气处理单元根据蒸气的危险性,可能包括冷凝器、洗涤器、焚烧装置、火炬或它们的组合。这种系统称为整体密闭系统,其中一种如图 2-23 所示。整体密闭系统经常被采用。

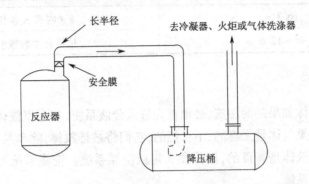

图 2-23　拥有降压桶的泄放系统

3) 安全处置泄放物质的过程设备

(1) 水平分液桶

分液桶有时被称为收集槽或排污桶。如图 2-23 所示,该水平分液桶系统起到了气液分离和盛装被分离出的液体的作用。两相混合物通常从一端进入,蒸气从另一端排出。进口也可设计在两端,蒸气从中间排出,并使蒸气速度最小化。当工厂内空间受限时,可使用切向降压桶,如图 2-24 所示。

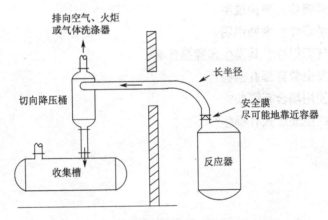

图 2-24　具有切向降压桶的分离液体收容罐

(2) 火炬

有时在分液桶之后使用火炬,目的是将可燃或毒性气体燃烧掉,生成不可燃或无毒的燃烧产物。火炬的直径必须适合于维持稳定的火焰以及防止吹熄(当蒸气速度大于声速的 20% 时)。

火炬的高度根据所产生的热量以及对设备和人造成的潜在危害来确定。常用的设计准则是火炬底座处的热强度不超过 $4.7 \text{ kW} \cdot \text{s}^{-1} \cdot \text{m}^{-2}$。热辐射的影响见表 2-8。

表 2-8　热辐射的影响

热强度/(kW·s^{-1}·m^{-2})	影响
6.3	20 s 内有水泡出现
16.7	5 s 内有水泡出现
9.46~12.6	植物和木材被引燃

(3) 洗涤器

泄放出来的流体如果是两相流,必须首先进入分液系统,在那里液体与气体分离,随后被收集起来。如果气体是无毒的、不可燃的,它们将被排放掉,除非某些法规禁止这种类型的排放。如果气体是有毒的,则需要火炬或洗涤系统。洗涤系统可以是列管式、盘管式或喷管类型的系统。

(4) 冷凝器

一个简单的冷凝器是处理排放蒸气的另一种方法。如果蒸气的沸点较高,而且冷凝物是有价值的,那么这种方法特别具有吸引力。应该经常使用这种方法进行评估,因为它很简单,并且通常花费不多,同时可以使可能需要额外后处理的物质的体积最小化。

思考题

1. 什么叫闪点?哪些因素可以影响闪点?
2. 什么是物理爆炸?举例说明。
3. 什么是化学爆炸?举例说明。
4. 什么是蒸气云爆炸?其发生步骤是什么?
5. 防火防爆安全装置都有哪些?
6. 爆破片的使用场合有哪些?
7. 爆炸破坏的主要形式有哪些?

3 化工泄漏及其控制

化工企业生产过程中涉及的物料大多具有腐蚀性,在高温高压、生产链长和系统长周期运行的环境下,装置在生产、储运等环节常常会发生泄漏。泄漏既损失了物料,又污染了环境,严重的还会引起火灾、爆炸、中毒等事故,给企业生产带来极大的危害,对企业的长周期安全平稳运行极为不利,威胁到职工的生命安全。导致泄漏的因素很多,有人的因素,也有物的因素。了解一些常见的泄漏源,充分准确地掌握泄漏量的大小,掌握泄漏后有毒有害、易燃易爆物料的扩散范围,对泄漏事故的救援以及现场控制有着十分重要的作用。

本章利用传质学、流体力学、大气扩散学的基本原理描述可能的泄漏、扩散过程。

3.1 常见泄漏源及泄漏量计算

3.1.1 常见泄漏源介绍

一般情况下,可以根据泄漏面积的大小和泄漏持续时间的长短,将泄漏源分为两类:一是小孔泄漏,此种情况通常为物料经较小的孔洞长时间持续泄漏,如反应器、储罐、管道上出现小孔,或者是阀门、法兰、机泵、转动设备等处密封失效;二是大面积泄漏,即大量物料经较大孔洞在很短的时间内泄漏出,如大管径管线断裂、爆破片爆裂、反应器因超压爆炸等瞬间泄漏出大量物料。图 3-1 和图 3-2 简单示意了各种类型的有限孔释放,蒸气和液体以单相或两相状态从过程单元中喷射的情况。

图 3-1 显示了化工厂中常见的小孔泄漏情况,物料从储罐和管道上的孔洞和裂纹,法兰、阀门和泵体的裂缝以及严重破坏或断裂的管道中泄漏出来。

图 3-2 显示了物料的物理状态是怎样影响泄漏过程的。对于存储于罐内的液体,储罐内液面以下的裂缝会导致液体泄漏出来。如果液体的存储压力大于其在大气环境下的沸点所对应的压力,那么液面以下的裂缝将导致泄漏的液体一部分闪蒸为蒸气。由于液体的闪蒸,可能会形成小液滴或雾滴,随风扩散开来。液面以上的蒸气空间的裂缝能够导致蒸气流或气液两相流的泄漏,这主要依赖于物质的物理特性。

3.1.2 泄漏量计算

泄漏量计算是泄漏分析与控制的重要内容,根据泄漏量可以进一步研究泄漏物质的情况。当发生泄漏的设备的裂口规则、裂口尺寸已知,泄漏物的热力学、物理化学性质及

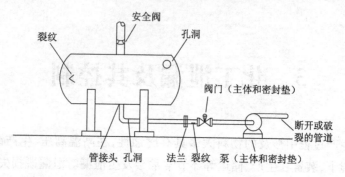

图 3-1 化工厂中常见的小孔泄漏

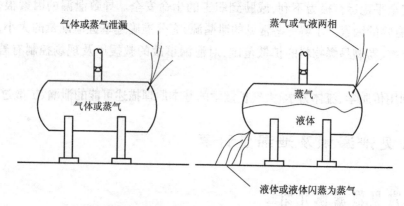

图 3-2 蒸气和液体以单相或两相状态从容器中泄漏出来

参数可查到时,可以根据流体力学中的有关方程计算泄漏量;当裂口不规则时,采用等效尺寸代替;当考虑泄漏过程中的压力变化等情况时,往往采用经验公式计算泄漏量。下面分别介绍液体通过小孔泄漏、液体通过储罐上的小孔泄漏、液体通过管道泄漏、气体或蒸气通过小孔泄漏、闪蒸液体泄漏、易挥发液体泄漏蒸发量的计算。

1) 液体通过小孔泄漏的泄漏量计算

液体通过小孔泄漏时,液体与外界无热交换,根据机械能守恒定律,流体流动的不同能量形式遵守如下方程:

$$\int \frac{\mathrm{d}p}{\rho} + \frac{\alpha \Delta u^2}{2} + g\Delta z + F = \frac{W_s}{m} \tag{3-1}$$

式中 p——压力,Pa,习惯上将压强也称为压力;

ρ——流体密度,$kg \cdot m^{-3}$;

α——动能校正因子,量纲为一;

u——流体的平均速度,$m \cdot s^{-1}$,简称流速;

g——重力加速度,$m \cdot s^{-2}$;

z——高度,m,以基准面为起始;

F——阻力损失,$J \cdot kg^{-1}$;

W_s——轴功,J;

m——质量,kg。

动能校正因子 α 与速度分布有关,需应用速度分布曲线进行计算。对于层流,α 取 0.5;对于活塞流,α 取 1.0;对于湍流,$\alpha \to 1.0$。从工程计算角度考虑,α 近似取 1。对于不可压缩液体,密度视为常数。

暂不考虑轴功的情况下,式(3-1)可简化为

$$\frac{\Delta p}{\rho} + \frac{\Delta u^2}{2} + g\Delta z + F = 0 \tag{3-2}$$

某一过程单元如图 3-3 所示,当液体在稳定的压力作用下经薄壁小孔泄漏时,过程单元中的静压能转化为动能。流动着的液体与小孔所在的壁面之间的摩擦力将液体的一

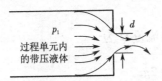

图3-3 液体在稳定的压力作用下经薄壁小孔泄漏

部分动能转化为热能,从而使液体的流速降低。容器内的压力为 p_1,小孔的直径为 d,泄漏面积为 A,容器外为大气压力,在此种情况下,容器内液体的流速可以忽略,不考虑摩擦损失和液位变化,利用式(3-2)得到

$$u = \sqrt{\frac{2p_1}{\rho}} \tag{3-3}$$

$$Q = \rho u A = A\sqrt{2p_1\rho} \tag{3-4}$$

式中 Q——单位时间内流体流过任一截面的质量,称为质量流量,kg·s^{-1}。

考虑到因惯性引起的截面收缩以及摩擦引起的速度降低,引入孔流系数 C_0。其定义为实际流量与理想流量的比值,则通过小孔泄漏的实际质量流量为

$$Q = \rho u A C_0 = A C_0 \sqrt{2p_1\rho} \tag{3-5}$$

对于修圆小孔,如图 3-4 所示,孔流系数 C_0 值约为 1;对于薄壁小孔(壁厚 $\leq d/2$),当雷诺数 $Re > 10^5$ 时,C_0 值约为 0.61;若为厚壁小孔($d/2 <$ 壁厚 $\leq 4d$)或者在容器孔口处外伸有一段短管,如图 3-5 所示,C_0 值约为 0.81。

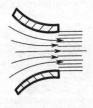 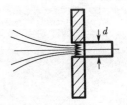

图3-4 修圆小孔　　　　　　　　图3-5 厚壁小孔或器壁连有短管

可见厚壁小孔和短管泄漏的孔流系数比薄壁小孔的孔流系数要大,在相同的截面积和压力差作用条件下,前者的实际泄漏量约为后者的 1.33 倍。

在很多情况下,难以确定泄漏孔口的孔流系数,为保证足够的安全裕度,确保估算出最大的泄漏量和泄漏速度,C_0 值可取为 1。

2) 液体通过储罐上的小孔泄漏的泄漏量计算

如图 3-6 所示的液体储罐,距液面 z_0 处有一小孔,在静压能和势能的作用下,储罐中的液体流经小孔向外泄漏。泄漏过程由式(3-2)来描述,忽略储罐内的液体流速,假设液体为不可压缩流体,储罐内的液体压力为 p_g,外部为大气压力(表压 $p=0$)。孔流系数为 C_0,则泄漏速度为

$$u = C_0 \sqrt{\frac{2p_g}{\rho} + 2gz} \tag{3-6}$$

若小孔截面积为 A,则质量流量 Q 为

$$Q = \rho u A = \rho A C_0 \sqrt{\frac{2p_g}{\rho} + 2gz} \tag{3-7}$$

由式(3-6)和式(3-7)可见,随着泄漏过程的延续,储罐内液位高度不断下降,泄漏速度和质量流量均随之降低。如果储罐通过呼吸阀或弯管与大气连通,则内外压力差 Δp 为 0,式(3-7)可以简化为

$$Q = \rho u A = \rho A C_0 \sqrt{2gz} \tag{3-8}$$

若储罐的横截面积为 A_0,则液位高度随时间的变化率为

$$\frac{dz}{dt} = -\frac{AC_0}{A_0}\sqrt{2gz} \tag{3-9}$$

边界条件:$t=0, z=z_0; t=t, z=z$。

对式(3-9)进行分离变量积分,有

$$\sqrt{2gz} - \sqrt{2gz_0} = \frac{-gC_0 A}{A_0} t \tag{3-10}$$

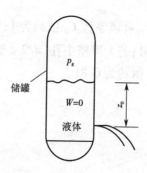

图 3-6 储罐上的小孔泄漏

当液体泄漏至泄漏点处后,泄漏停止,$z=0$,可得到总的泄漏时间

$$t = \frac{A_0}{C_0 gA}\sqrt{2gz_0} \tag{3-11}$$

将式(3-10)代入式(3-8)可以得到随时间变化的质量流量

$$Q = \rho AC_0\sqrt{2gz_0} - \frac{\rho g C_0^2 A^2}{A_0}t \tag{3-12}$$

如果储罐内盛装的是易燃液体,为防止可燃蒸气大量泄漏至空气中,或空气大量进入储罐内的气相空间形成爆炸性混合物,在通常情况下会采取通氮气保护的措施。液体的表压力为 p_g,即内外压差为 p_g,同理有

$$\frac{dz}{dt} = -\frac{AC_0}{A_0}\sqrt{2gz + \frac{2p_g}{\rho}} \tag{3-13}$$

$$z = z_0 - \frac{AC_0}{A_0}\sqrt{2gz_0 + \frac{2p_g}{\rho}} + \frac{g}{2}\left(\frac{AC_0}{A_0}\right)^2 t^2 \tag{3-14}$$

将式(3-14)代入式(3-7)中,得到任意时刻的质量流量

$$Q = \rho AC_0\sqrt{2gz_0 + \frac{2p_g}{\rho}} - \frac{\rho g C_0^2 A^2}{A_0}t \tag{3-15}$$

【例3-1】 图3-7所示为一盛装丙酮液体的储罐,上部装有呼吸阀与大气连通。在其下部有一泄漏孔,直径4 cm,已知丙酮的密度为 800 kg·m^{-3},求:

①最大泄漏量;
②泄漏的质量流量随时间变化的表达式;
③最大泄漏时间;
④泄漏量随时间变化的表达式。

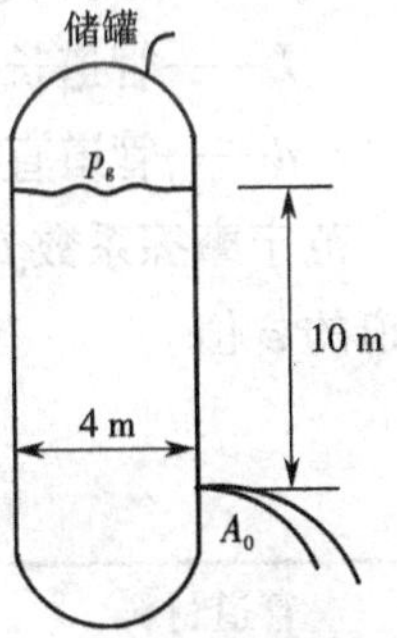

图 3-7 储罐上的小孔泄漏

解:①最大泄漏量即泄漏点液位以上的所有液体的质量:

$$m = \rho A_0 z_0 = 800 \times \frac{\pi}{4} \times 4^2 \times 10 = 100\ 480 \text{ kg}$$

② C_0 取值为1,则

$$Q = \rho AC_0\sqrt{2gz_0} - \frac{\rho g C_0^2 A^2}{A_0}t$$

$$= 800 \times 1 \times \frac{\pi}{4} \times 0.04^2 \times \sqrt{2 \times 9.8 \times 10} - \frac{800 \times 9.8 \times 1^2 \times \left(\frac{\pi}{4} \times 0.04^2\right)^2}{\frac{\pi}{4} \times 4^2}t$$

$$= 14.07 - 0.000\ 985t$$

③令 $14.07 - 0.000\ 985t = 0$,则得到最大泄漏时间

$$t = 14\ 285 \text{ s} = 3.97 \text{ h}$$

④任一时间内总的泄漏量为泄漏的质量流量对时间的积分,即

$$W = \int_0^t Q dt = 14.07t - 0.000\ 492\ 5t^2$$

给定任意泄漏时间,即可得到已经泄漏的液体总量。

3) 液体通过管道泄漏的泄漏量计算

在化工生产中,通常采用圆形管道输送液体,沿管道的压力梯度是液体流动的驱动力。液体与管壁之间的摩擦力把一部分动能转化为热能,这导致液体流速减小和压力下降。

如果管线发生爆裂、折断等造成液体经管口泄漏,泄漏过程可用式(3-2)描述,其中阻力损失 F 的计算是估算泄漏速度和泄漏量的关键。

对于任一种有摩擦的设备,可以使用下面的公式计算 F:

$$F = K_f \left(\frac{u^2}{2} \right) \tag{3-16}$$

式中 K_f——管道或管道配件导致的压差损失;

u——液体流速,$\mathrm{m \cdot s^{-1}}$。

流经管道的液体压差损失为

$$K_f = \frac{4fL}{d} \tag{3-17}$$

式中 f——范宁摩擦系数(Fanning Friction Factor);

L——管道长度,m;

d——管道直径,m。

范宁摩擦系数 f 是管道粗糙度 ε 和雷诺数 Re 的函数。表 3-1 给出了各种类型干净管道的 ε 值。

表 3-1 干净管道的粗糙度 ε

管道材料	ε/mm	管道材料	ε/mm
水泥覆护钢	1~10	型钢	0.046
混凝土	0.3~3	熟铁	0.046
铸铁	0.26	玻璃钢	0.01
镀锌铁	0.15	PVC 塑料	0.008

雷诺数是由管径、流速、流体密度和黏度组成的量纲为一的数群,$Re = du\rho/\mu$。根据雷诺数的大小可以判断流体的流动类型为层流、湍流还是过渡流。

对于层流,即 $Re \leqslant 2\,000$ 时,摩擦系数由下式给出:

$$f = \frac{16}{Re} \tag{3-18}$$

对于过渡流,即 $2\,000 < Re \leqslant 4\,000$ 时,层流或湍流的 f 计算式均可应用。工程上为安全起见,常将过渡流视为湍流处理。对于过渡流,有一个公式可供参考:

$$f = 0.002\,5\,Re^{1/3} \tag{3-19}$$

对于湍流,可以用克尔布鲁克(Colebrook)方程计算 f:

$$\frac{1}{\sqrt{f}} = -4\lg\left(\frac{1}{3.7} \times \frac{\varepsilon}{d} + \frac{1.255}{Re\sqrt{f}}\right) \tag{3-20}$$

式(3-20)有另外一种形式,对于由摩擦系数 f 确定雷诺数是很有用的,即

$$\frac{1}{Re} = \frac{\sqrt{f}}{1.255}\left(10^{-0.25/\sqrt{f}} - \frac{1}{3.7} \times \frac{\varepsilon}{d}\right) \tag{3-21}$$

对于粗糙管道中完全发展的湍流,f 独立于雷诺数,在雷诺数数值很高处,f 接近于常数,对于这种情况,式(3-20)可以简化为

$$\frac{1}{\sqrt{f}} = 4\lg\left(3.7 \times \frac{d}{\varepsilon}\right) \tag{3-22}$$

对于光滑的管道,$\varepsilon = 0$,式(3-20)可简化为

$$\frac{1}{\sqrt{f}} = 4\lg\left(\frac{Re\sqrt{f}}{1.255}\right) \tag{3-23}$$

对于光滑管道,当雷诺数小于 100 000 时,近似于式(3-23)的柏拉修斯(Blasius)方程是很有用的:

$$f = 0.079 Re^{-1/4} \tag{3-24}$$

其实,摩擦系数还可以由另一个公式给出:

$$\frac{1}{\sqrt{f}} = -4\lg\left(\frac{\varepsilon/d}{3.7065} - \frac{5.04521\lg A}{Re}\right) \tag{3-25}$$

其中 $A = \left[\frac{(\varepsilon/d)^{1.1098}}{2.8257} + \frac{5.8506}{Re^{0.8981}}\right]$。

对于管道附件、阀门和其他流动阻碍物,传统的方法是在式(3-17)中使用当量管长,该方法的问题是确定的当量长度与摩擦系数是有联系的。一种改进方法是使用 $2-K$ 方法,就是在式(3-17)中使用实际的流程长度,而不是当量长度,并且提供了针对管道附件、进口和出口的更详细的方法。$2-K$ 方法根据两个常数来定义压差损失,即雷诺数和管道内径,用下式表达:

$$K_f = \frac{K_1}{Re} + K_\infty\left(1 + \frac{1}{ID_{\text{inches}}}\right) \tag{3-26}$$

式中 K_f——超压位差损失(量纲为一);

K_1——常数;

K_∞——常数;

Re——雷诺数;

ID_{inches}——流道内径,mm。

表3-2 列出了各种类型的管道附件和阀门的 K 值。

表 3-2 管道附件和阀门的 K 值

附件		附件描述	K_1	K_∞
弯头	90°	标准($r/D=1$),带螺纹的	800	0.40
		标准($r/D=1$),用法兰连接/焊接	800	0.25
		长半径($r/D=1.5$),所有类型	800	0.20
		斜接的($r/D=1.5$):1 焊缝(90°)	1 000	1.15
		2 焊缝(45°)	0.35	800
		3 焊缝(30°)	0.30	800
		4 焊缝(22.5°)	0.27	800
		5 焊缝(18°)	0.25	800
	45°	标准($r/D=1$),所有类型	500	0.20
		长半径($r/D=1.5$)	500	0.15
		斜接的,1 焊缝(45°)	500	0.25
		斜接的,2 焊缝(22.5°)	500	0.15
	180°	标准($r/D=1$),带螺纹的	1 000	0.60
		标准($r/D=1$),用法兰连接/焊接	1 000	0.35
		长半径($r/D=1.5$),所有类型	1 000	0.30
三通	做弯头用	标准的,带螺纹的	500	0.70
		长半径,带螺纹的	800	0.40
		标准的,用法兰连接/焊接	800	0.80
		短分支	1 000	1.00
	贯通	带螺纹的	200	0.10
		用法兰连接/焊接	150	0.50
		短分支	100	0.00

续表

附件		附件描述	K_1	K_∞
阀门	闸阀、球阀、旋塞阀	全尺寸,$\beta=1.0$	300	0.10
		缩减尺寸,$\beta=0.9$	500	0.15
		缩减尺寸,$\beta=0.8$	1 000	0.25
	球阀	标准的	1 500	4.00
		斜角或 Y 形	1 000	2.00
	隔膜阀、蝶阀		1 000	2.00
		闸坝(Dam)类型	800	0.25
	止回阀	提升阀	2 000	10.00
		回转阀	1 500	1.50
		倾斜片状阀	1 000	0.50

对于管道进口和出口,为了说明动能的变化,需要对式(3-26)进行修改,即

$$K_f = \frac{K_1}{Re} + K_\infty \tag{3-27}$$

对于管道进口,$K_1 = 160$;对于一般进口,$K_\infty = 0.50$,对于边界类型的进口,$K_\infty = 1.0$。对于管道出口,$K_1 = 0$,$K_\infty = 1.0$。进口和出口效应的 K 系数,通过管道的变化说明了动能的变化,因此在机械能中不必考虑额外的动能项。对于高雷诺数($Re > 10\,000$),式(3-27)中的第一项是可以忽略的,$K_f = K_\infty$,对于低雷诺数($Re < 50$),方程的第一项是占支配地位的,$K_f = K_1/Re$。该方程对于孔和管道尺寸的变化也是适用的。

$2-K$ 方法也可以用来描述液体通过孔洞的流出。液体经孔洞流出的孔流系数的表达式可由 $2-K$ 方法确定,其结果是

$$C_0 = \frac{1}{\sqrt{1 + \sum K_f}} \tag{3-28}$$

式中,$\sum K_f$ 是所有压差损失项之和,包括进口、出口、管长和管道附件,这些由式(3-17)、式(3-26)、式(3-27)计算。对于没有管道连接或管道附件的储罐上的简单的孔,摩擦仅仅由孔的进口和出口效应引起。雷诺数大于 $10\,000$ 时,进口的 $K_f = 0.5$,出口的 $K_f = 1.0$,因而 $\sum K_f = 1.5$,由式(3-28)得 $C_0 = 0.63$,这与推荐值 0.61 非常接近。

物料从管道系统中流出,质量流量的求解过程如下:

①假设已知管道长度、直径和类型,管道系统的压力和高度变化,泵、涡轮等对液体的输入或输出功,管道附件的数量和类型,液体的特性(包括密度和黏度);

②指定初始点(假设为点1)和终止点(假设为点2),指定时必须仔细,因为式(3-2)中的高度依赖于该指定;

③确定点1和点2处的压力和高度,确定点1处的初始流速;

④推荐点 2 处的液体流速,如果认为是完全发展的湍流,则这一步不需要;
⑤用式(3-18)到式(3-25)确定管道的摩擦系数;
⑥确定管道的超压位差损失、管道附件的超压位差损失和进、出口效应的超压位差损失,将这些压差损失相加,使用式(3-16)计算净摩擦损失;
⑦计算式(3-2)中各项的值,并将其代入方程中,如果式(3-2)中所有项之和为零,计算结束,如果不等于零,返回到第④步重新计算;
⑧使用式 $m = \rho \bar{u} A$ 确定质量流量。

如果认为是完全发展的湍流,求解是非常简单的。将已知项代入式(3-2)中,将点 2 的速度设为变量,可直接求解该速度。

【例 3-2】 含有少量有害废物的水经内径为 100 mm 的型钢管道靠重力排出某一大型储罐。管道长 100 m,在储罐附近有一个闸阀。整个管道系统都是水平的。如果储罐内的液面高于管道出口 5.8 m,管道在距离储罐 33 m 处发生事故性断裂,请计算液体自管道泄漏的速率。

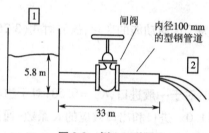

图 3-8 例 3-2 附图

解:排泄操作如图 3-8 所示,假设可以忽略动能的变化,没有压力变化,没有轴功,应用于点 1 和点 2 的机械能守恒方程可简化为

$$g\Delta z + F = 0$$

对于水:$\mu = 1.0 \times 10^{-3}$ kg·m^{-1}·s^{-1},$\rho = 1\,000$ kg·m^{-3}。

使用式(3-27)确定进、出口效应的 K 值,闸阀的 K 值可以在表 3-2 中查出,管道的 K 值由式(3-17)算出。

对于管道进口:

$$K_f = \frac{160}{Re} + 0.5$$

对于闸阀:

$$K_f = \frac{300}{Re} + 1.1$$

对于管道出口:

$$K_f = 1.0$$

对于管道:

$$K_f = \frac{4fL}{d} = \frac{4f \times 33}{0.1} = 1\,320f$$

将 K 值相加得

$$\sum K_f = \frac{460}{Re} + 1\,320f + 2.6$$

对于高雷诺数 ($Re > 10\,000$),方程右边的第一项很小,所以

$$\sum K_f = 1\,320f + 2.6$$

然后得

$$F = \sum K_f \left(\frac{u_2^2}{2}\right) = (660f + 1.3)u_2^2$$

机械能守恒方程中的位能项为

$$g\Delta z = 9.8 \times (0 - 5.8) = -56.8 \text{ J} \cdot \text{kg}^{-1}$$

因为没有压力变化,没有轴功,机械能守恒方程简化为

$$\frac{u_2^2}{2} + g\Delta z + F = 0$$

$$u_2^2 = -2(g\Delta z + F) = -2(-56.8 + F)$$

雷诺数为

$$Re = \frac{du_2\rho}{\mu} = \frac{0.1 \times u_2 \times 1\,000}{1.0 \times 10^{-3}} = 1.0 \times 10^5 u_2$$

对于型钢管道,由表 3-1 查得 $\varepsilon = 0.046$ mm,可得

$$\frac{\varepsilon}{d} = \frac{0.046}{100} = 0.000\,46$$

因为摩擦系数 f 和摩擦损失 F 是雷诺数和速率的函数,所以采用试差法求解。试差求解结果见表 3-3。

表 3-3 试差求解结果

猜测的 u_2 的值/(m·s^{-1})	Re	f	F	计算得到的 u_2 的值/(m·s^{-1})
3.00	300 000	0.004 51	34.09	6.75
3.50	350 000	0.004 46	46.00	4.66
3.66	366 000	0.004 44	50.18	3.66

因此,从管道中流出的液体速率是 3.66 m·s^{-1}。表 3-3 也显示了摩擦系数 f 随雷诺数变化很小,因此对于粗糙管道中完全发展的湍流,可以用式(3-22)来近似估算,由式(3-22)计算的摩擦系数等于 $0.004\,1$,因此

$$F = (660f + 1.3)u_2^2 = 4.006u_2^2$$

代入并求解得

$$u_2^2 = -2(-56.8 + 4.006u_2^2) = 113.6 - 8.012u_2^2$$

$$u_2 = 3.55 \text{ m} \cdot \text{s}^{-1}$$

该结果与较精确的试差结果相近。

管道的横截面积

$$A = \frac{\pi d^2}{4} = \frac{3.14 \times 0.1^2}{4} = 0.00785 \text{ m}^2$$

质量流量

$$Q = \rho u A = 1\,000 \times 3.55 \times 0.00785 = 27.868 \text{ kg} \cdot \text{s}^{-1}$$

这里描述了一个有意义的流速。假设有 15 min 的应急反应时间来阻止泄漏，总共有 25 t 的有害物质泄漏出来。除了因流动泄漏出来的物质，存储在阀门和断裂处之间的管道内的液体也将释放出来。必须采取措施来限制泄漏，包括缩短应急反应时间，使用直径较小的管道，对管道系统进行改造，增加一个液体流动的控制阀。

4) 气体或蒸气通过小孔泄漏的泄漏量计算

前面讨论了用机械能守恒方程描述液体的泄漏过程，其中一条很重要的假设是液体为不可压缩流体，密度恒定不变，而对于气体或蒸气，这条假设只有在初态、终态压力变化较小（$|p_0 - p|/p_0 < 20\%$）和较低的气体流速（<音速的30%）的情况下才可应用。当气体或蒸气的泄漏速度大到与音速相近，或超过音速时，会引起很大的压力、温度、密度变化，则根据不可压缩流体假设得到的结论不再适用。本部分讨论可压缩气体或蒸气以自由膨胀的形式经小孔泄漏的情况。

在工程上，通常将气体或蒸气近似为理想气体，其压力、温度、密度等参数遵循理想气体状态方程。

气体或蒸气在小孔内绝热流动，其压力、密度的关系可用绝热方程（或称等熵方程）描述：

$$\frac{p}{\rho^\gamma} = \text{const} \tag{3-29}$$

式中　γ——绝热指数，是等压热容与等容热容的比值，$\gamma = C_p/C_V$。

几种气体的绝热指数见表 3-4。

表 3-4　几种气体的绝热指数

气体	空气、氢气、氮气、氧气	水蒸气、油燃气	甲烷、过热水蒸气
γ	1.40	1.33	1.30

图 3-9 所示为气体或蒸气通过小孔泄漏。轴功为 0，忽略势能变化，则机械能守恒方程简化为

$$\int \frac{dp}{\rho} + \frac{\Delta u^2}{2} + F = 0 \tag{3-30}$$

若孔流系数为 C_0，忽略气体或蒸气的初始动能，得到

$$C_0^2 \int_{p_0}^{p} \frac{dp}{\rho} + \frac{u^2}{2} = 0 \tag{3-31}$$

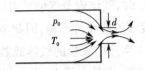

图 3-9　气体或蒸气通过小孔泄漏

由式(3-29)得到

$$\rho = \rho_0 \left(\frac{p}{p_0}\right)^{1/\gamma} \tag{3-32}$$

由式(3-31)、式(3-32)得

$$u = C_0 \sqrt{\frac{2\gamma}{\gamma-1} \cdot \frac{RT_0}{M}\left[1 - \left(\frac{p}{p_0}\right)^{(\gamma-1)/\gamma}\right]} \tag{3-33}$$

由式(3-32)和式(3-33)得到泄漏的质量流量

$$Q = \rho u A = C_0 \rho_0 A \sqrt{\frac{2\gamma}{\gamma-1} \cdot \frac{RT_0}{M}\left[\left(\frac{p}{p_0}\right)^{2/\gamma} - \left(\frac{p}{p_0}\right)^{(\gamma+1)/\gamma}\right]} \tag{3-34}$$

结合理想气体状态方程得

$$Q = C_0 p_0 A \sqrt{\frac{2\gamma}{\gamma-1} \cdot \frac{M}{RT_0}\left[\left(\frac{p}{p_0}\right)^{2/\gamma} - \left(\frac{p}{p_0}\right)^{(\gamma+1)/\gamma}\right]} \tag{3-35}$$

从安全工作的角度考虑，关心的是经小孔泄漏的气体或蒸气的最大流量。式(3-35)表明泄漏的质量流量由前后压力的比值决定。若以压力比 p/p_0 为横坐标，以流量 Q 为纵坐标，根据式(3-35)可得到如图 3-10 所示的流量曲线。

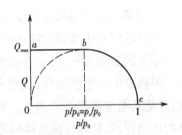

图 3-10　流量曲线

当 $p/p_0 = 1$ 时，小孔前后的压力相等，$Q = 0$；当 $p/p_0 = 0$ 时，气体或蒸气流向绝对真空，$p = 0$，所以 $Q = 0$。流量曲线存在最大值，令 $\mathrm{d}Q/\mathrm{d}(p/p_0) = 0$ 即可求得极值条件。

$$\frac{p_c}{p_0} = \left(\frac{2}{\gamma+1}\right)^{\gamma/(\gamma-1)} \tag{3-36}$$

式中　p_c——临界压力。

将式(3-36)代入式(3-33)、式(3-35)可得到最大流速和最大流量。

$$u = C_0 \sqrt{\frac{2\gamma}{\gamma+1} \cdot \frac{RT_0}{M}} \tag{3-37}$$

$$Q = C_0 p_0 A \sqrt{\frac{\gamma M}{RT_0}\left(\frac{2}{\gamma+1}\right)^{(\gamma+1)/(\gamma-1)}} \tag{3-38}$$

从图 3-10 可以看出，当 $p > p_c$ 时，气体或蒸气的流速低于音速，如图中 bc 段曲线所示。当 $p = p_c$ 时，气体或蒸气的泄漏速度刚好达到最大流速，如式(3-37)所示，实际上就是气体或蒸气中的音速。当 $p < p_c$ 时,气体或蒸气似乎可以充分降压、膨胀、加速,但是根据气体流动力学的原理,泄漏速度不可能超过音速,因此泄漏速度和质量流量与 $p = p_c$ 时相同,在图中以 ab 线表示。在化工生产中发生的气体或蒸气泄漏多属于最后一种情况。

【例 3-3】 某生产厂有一空气柜,因外力撞击,在空气柜一侧出现小孔。小孔面积为 $19.6\ cm^2$,空气柜中的空气经此小孔泄漏入大气。已知空气柜中的压力为 $2.5 \times 10^5\ Pa$,温度 T_0 为 330 K,大气压力为 $10^5\ Pa$,绝热指数 $\gamma = 1.4$,求空气泄漏的最大质量流量。

解: 先根据式(3-36)判断空气泄漏的临界压力:

$$p_c = p_0 \left(\frac{2}{\gamma+1}\right)^{\gamma/(\gamma-1)} = 2.5 \times 10^5 \times \left(\frac{2}{1.4+1}\right)^{1.4/(1.4-1)} = 1.32 \times 10^5\ Pa$$

大气压力为 $10^5\ Pa$,小于临界压力,则空气泄漏的最大质量流量可按照式(3-38)计算:

$$Q = C_0 p_0 A \sqrt{\frac{\gamma M}{RT_0}\left(\frac{2}{\gamma+1}\right)^{(\gamma+1)/(\gamma-1)}}$$

C_0 取值为 1,则

$$Q = 1 \times 2.5 \times 10^5 \times 1.96 \times 10^{-4} \sqrt{\frac{1.4 \times 29 \times 10^{-3}}{8.314 \times 330} \times \left(\frac{2}{1.4+1}\right)^{(1.4+1)/(1.4-1)}}$$

$$= 0.109\ kg \cdot s^{-1}$$

5) 闪蒸液体泄漏的泄漏量计算

存储温度高于其通常沸点的受压液体,如果储罐、管道或其他盛装设备出现孔洞,部分液体会闪蒸为蒸气,可能会发生爆炸。

闪蒸发生的速度很快,其过程可以假设为绝热。过热液体中的额外能量使液体蒸发,并使其温度降到新的沸点。如果 m 是初始液体的质量,m_V 是蒸发液体的质量,c_p 是液体的比热容,T_0 是降压前液体的温度,T_b 是降压后液体的沸点,则液体蒸发的比例

$$f_V = \frac{m_V}{m} = \frac{c_p(T_0 - T_b)}{\Delta H_V} \tag{3-39}$$

式(3-39)基于在 T_0 到 T_b 的温度范围内液体的物理特性不变的假设。没有此假设时,以 $\overline{c_p}$ 和 $\overline{\Delta H_V}$ 分别表示 T_0 到 T_b 温度范围内的平均热容和平均蒸发潜热,更一般的表达形式为

$$f_V = 1 - \exp[-\overline{c_p}(T_0 - T_b)/\overline{\Delta H_V}] \tag{3-40}$$

与水蒸气表中的实际值相比,这两个表达式的计算结果均较好。对于包含多种易混合物质的液体,闪蒸计算非常复杂,这是由于更易挥发的组分首先闪蒸。

由于存在两相流,通过孔洞和管道泄漏出的闪蒸液体需要优先考虑,即有几个特殊的情况需要考虑。如果泄漏的流程长度很短(通过薄壁容器上的孔洞),则存在不平衡条件,液体没有时间在孔洞内闪蒸,而在孔洞外闪蒸。这种情况应使用描述不可压缩流体通过孔洞流出的方程。

如果泄漏的流程长度大于 10 cm(通过管道或厚壁容器),那么就能达到平衡闪蒸条

件,且流型是活塞流。可假设活塞压与闪蒸液体的饱和蒸气压相等,但该结果仅适用于存储在高于其饱和蒸气压环境下的液体。在此假设下,质量流量由下式给出:

$$Q = AC_0\sqrt{2\rho_f(p - p^{sat})} \tag{3-41}$$

式中　A——泄放面积,m^2;

　　　C_0——孔流系数;

　　　ρ_f——液体密度,$kg \cdot m^{-3}$;

　　　p——储罐内的压力,Pa;

　　　p^{sat}——闪蒸液体处于周围环境下的饱和蒸气压,Pa。

储存在其饱和蒸气压下的液体,$p = p^{sat}$,式(3-41)不再有效。此时的质量流量需要用下式进行计算:

$$Q = \frac{\Delta H_V A}{v_{fg}}\sqrt{\frac{1}{Tc_p}} \tag{3-42}$$

式中　v_{fg}——蒸气和液体之间的比体积差。

6) 易挥发液体泄漏蒸发量的计算

在化工生产中会用到大量的易挥发液体,如大多数的有机溶剂、油品等。如果装置或存储容器中的易挥发液体泄漏至地坪或围堰中,会逐渐向大气蒸发。根据传质过程的基本原理,该蒸发过程的传质推动力为蒸发物质的气液界面与大气之间的浓度梯度,液体蒸发为气体的摩尔质量可用下式表示:

$$N = k_c \Delta c \tag{3-43}$$

式中　N——摩尔通量,$mol \cdot m^{-2} \cdot s^{-1}$;

　　　k_c——传质系数,$m \cdot s^{-1}$;

　　　Δc——浓度梯度,$mol \cdot m^{-3}$。

若液体在某一饱和温度 T 下的饱和蒸气压为 p^{sat},蒸发物质在大气中的分压为 p,则 Δc 可表达如下:

$$\Delta c = \frac{p^{sat} - p}{RT} \tag{3-44}$$

一般情况下,p^{sat} 远大于 p,则式(3-44)可简化为

$$\Delta c = \frac{p^{sat}}{RT} \tag{3-45}$$

流体蒸发的质量流量为其摩尔通量 N 与蒸发面积 A、蒸发物质的摩尔质量 M 的乘积,即

$$Q = NAM = \frac{k_c A M p^{sat}}{RT} \tag{3-46}$$

当液体向静止大气蒸发时,其传质过程为分子扩散;当液体向流动大气蒸发时,其传质过程为对流传质,对流传质系数比分子扩散系数要高 1~2 个数量级。

【例3-4】　有一露天桶装乙醇翻倒后,致使 2 m^2 内均为乙醇液体,当时大气温度为

16 ℃,乙醇的饱和蒸气压为 4 kPa,乙醇的传质系数 k_c 为 1.2×10^{-3} m·s^{-1}。求乙醇蒸发的质量流量。

$$Q = \frac{k_c A M p^{sat}}{RT}$$

$$= \frac{1.2 \times 10^{-3} \times 2 \times 46.07 \times 4 \times 1\,000}{8.314 \times (16 + 273)}$$

$$= 0.184 \text{ g·s}^{-1}$$

$$= 1.84 \times 10^{-4} \text{ kg·s}^{-1}$$

3.2 泄漏物质扩散方式及扩散模型

3.2.1 泄漏物质扩散方式及影响因素

化工生产中的有毒有害物质一旦由于某种原因发生泄漏,泄漏出来的物质会在浓度梯度和风力的作用下在大气中扩散,下面介绍泄漏物质扩散方式及影响因素,为泄漏危险程度的判别,事故发生控制及人员疏散区域的判定提供参考。

1) 泄漏物质扩散方式

物质泄漏后,会以烟羽、烟团两种方式在空气中传播、扩散。利用扩散模式可描述泄漏物质在事故发生地的扩散过程。对于泄漏物质的密度与空气接近的情况或经很短时间的空气稀释即与空气接近的情况,可用图3-11所示的烟羽扩散模式描述连续泄漏源泄漏物质的扩散过程。连续泄漏源通常泄漏时间较长。图3-12所示的烟团扩散模式描述的是瞬时泄漏源泄漏物质的扩散过程。瞬时泄漏的特点是泄漏在瞬间完成。连续泄漏源如连接在大型储罐上的管道穿孔,挠性连接器处出现的小孔或缝隙、连续的烟囱排放等。瞬时泄漏源如液化气体钢瓶破裂,瞬时冲料形成的事故排放,压力容器的安全阀异常启动,放空阀门瞬间错误开启等。

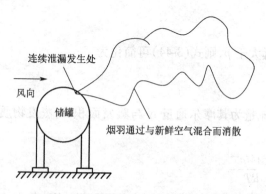

图 3-11 物质连续泄漏形成的典型烟羽

泄漏物质的最大浓度是在释放发生处(可能不在地面上)。由于有毒物质与空气的湍流混合和扩散,在下风向浓度较低。

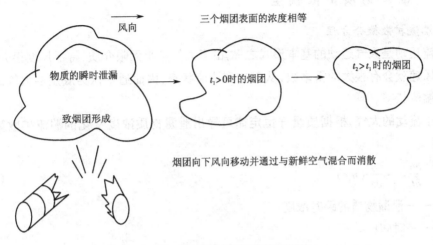

图 3-12　物质瞬时泄漏形成的烟团

2) 泄漏物质影响因素

众多因素影响着有毒物质在大气中的扩散:风速;大气稳定度;地面条件(建筑物、水、树);泄漏处离地面的高度;物质释放的初始动量和浮力。

随着风速的增大,图 3-11 中的烟羽变得又长又窄,物质向下风向输送的速度变快了,被大量空气稀释的速度也加快了。

大气稳定度表征空气是否易于发生垂直运动,即对流。假如有一团空气在外力作用下产生了向上或向下的运动,可能出现三种情况:空气团受力移动后,逐渐减速,并有返回原来高度的趋势,这时的气层对该空气团是稳定的;空气团受力的作用,离开原位逐渐加速运动,并有远离原来高度的趋势,这时的气层对该空气团是不稳定的;空气团被推至某一高度后,既不加速,也不减速,保持不动,这时的气层对该空气团是中性的。有毒有害、易燃易爆物质在大气中的扩散与大气稳定度密切相关。大气越不稳定,其扩散越快;大气越稳定,其扩散越慢。

地面条件影响地表的机械混合和随高度而变化的风速。树木和建筑物的存在会加强这种混合,而湖泊和敞开的区域则会减弱这种混合。

泄漏高度对地面浓度的影响很大。在同等源强和气象条件下,地面同等高度的物质浓度随着释放高度的增加而降低。

泄漏物质的浮力和初始动量会改变泄漏的有效高度。高速喷射所具有的动量将气体带到高于泄漏处,导致了更高的有效泄漏高度。如果气体的密度比空气小,那么泄漏的气体一开始具有浮力,向上升高。如果气体的密度比空气大,那么泄漏的气体一开始具有沉降力,向地面下沉。对于所有气体,随着气体向下风向传播和同新鲜空气混合,最终将被充分稀释,故认为其具有中性浮力。此时,扩散由周围环境的湍流所支配。

3.2.2 泄漏物质扩散模型

1) 湍流扩散微分方程

湍流运动是大气运动的基本形式之一,由于大气是半无限介质,特征尺度很大,只要极小的风速就会有很大的雷诺数,从而达到湍流状态,因而通常认为底层的大气的流动都处于湍流状态。

对于流动的大气,根据质量守恒定律可导出泄漏物质浓度变化的湍流扩散微分方程:

$$\frac{\partial c}{\partial t} = -\frac{\partial}{\partial x_j}(u_j c) \tag{3-47}$$

式中 c——泄漏物质的瞬时浓度;

t——时间;

x_j——直角坐标系中各坐标轴的方向;

u_j——各坐标轴方向的瞬时速度。

由于湍流是不规则运动,风速和泄漏物质的浓度都是时间和空间的随机变量。在任一点上,风速和浓度的瞬时值均可用平均值和脉动值之和来表示。

$$\left.\begin{array}{l} u = \bar{u} + u' \\ v = \bar{v} + v' \\ w = \bar{w} + w' \\ c = \bar{c} + c' \end{array}\right\} \tag{3-48}$$

式(3-48)中,$(u,\bar{u},u')$、$(v,\bar{v},v')$、$(w,\bar{w},w')$分别表示 x 轴、y 轴、z 轴方向的瞬时风速、平均风速和脉动风速,c、$\bar{c}$、c'分别表示瞬时浓度、平均浓度和脉动浓度。

将式(3-48)代入式(3-47)中,并取平均值,整理得

$$\frac{\partial \bar{c}}{\partial t} + \bar{u}\frac{\partial \bar{c}}{\partial x} + \bar{v}\frac{\partial \bar{c}}{\partial y} + \bar{w}\frac{\partial \bar{c}}{\partial z} = \frac{\partial}{\partial x}(-\overline{c'u'}) + \frac{\partial}{\partial y}(-\overline{c'v'}) + \frac{\partial}{\partial z}(-\overline{c'w'}) \tag{3-49}$$

定义 K_x、K_y、K_z 分别为 x 轴、y 轴、z 轴方向的扩散系数,有

$$\left.\begin{array}{l} -\overline{c'u'} = K_x \frac{\partial \bar{c}}{\partial x} \\ -\overline{c'v'} = K_y \frac{\partial \bar{c}}{\partial y} \\ -\overline{c'w'} = K_z \frac{\partial \bar{c}}{\partial z} \end{array}\right\} \tag{3-50}$$

将上述关系代入式(3-49),得到湍流扩散微分方程:

$$\frac{\partial \bar{c}}{\partial t} + \bar{u}\frac{\partial \bar{c}}{\partial x} + \bar{v}\frac{\partial \bar{c}}{\partial y} + \bar{w}\frac{\partial \bar{c}}{\partial z} = \frac{\partial}{\partial x}\left(K_x \frac{\partial \bar{c}}{\partial x}\right) + \frac{\partial}{\partial y}\left(K_y \frac{\partial \bar{c}}{\partial y}\right) + \frac{\partial}{\partial z}\left(K_z \frac{\partial \bar{c}}{\partial z}\right) \tag{3-51}$$

式(3-51)等号左边为局部扩散和对流扩散项,右边为湍流扩散项。利用该方程与不同的初始状态、边界条件即可建立各种扩散模型。选取直角坐标系的 x 轴方向与平均风速方

向一致,z轴铅直向上,则
$$\bar{v}=0, \bar{w}=0$$
假定各方向的湍流扩散系数均为常数,以c代表平均浓度,以u代表平均风速,则式(3-51)可简化为

$$\frac{\partial c}{\partial t} + u\frac{\partial c}{\partial x} = K_x\frac{\partial^2 c}{\partial x^2} + K_y\frac{\partial^2 c}{\partial y^2} + K_z\frac{\partial^2 c}{\partial z^2} \tag{3-52}$$

2)无边界点源扩散模型

(1)瞬时泄漏点源的扩散模型

①无风时瞬时泄漏点源的烟团扩散模型。在无风条件下($u=0$),瞬时泄漏点源产生的烟团仅在泄漏点处膨胀扩散,则式(3-52)可简化为

$$\frac{\partial c}{\partial t} = K_x\frac{\partial^2 c}{\partial x^2} + K_y\frac{\partial^2 c}{\partial y^2} + K_z\frac{\partial^2 c}{\partial z^2} \tag{3-53}$$

初始条件:$t=0$时,在$x=y=z=0$处,$c\to\infty$,在$x\neq 0$处,$c\to 0$。

边界条件:$t\to\infty$时,$c\to 0$。

源强为Q的无风瞬时泄漏点源的浓度分布为

$$c(x,y,z,t) = \frac{Q}{8(\pi^3 t^3 K_x K_y K_z)^{\frac{1}{2}}} \exp\left[-\frac{1}{4t}\left(\frac{x^2}{K_x} + \frac{y^2}{K_y} + \frac{z^2}{K_z}\right)\right] \tag{3-54}$$

②有风时瞬时泄漏点源的烟团扩散模型。在有风条件下,烟团随风移动,并因空气的稀释作用不断膨胀,t时刻烟团中心点坐标为$(ut,0,0)$,则式(3-54)经坐标变换即得到源强为Q的有风瞬时泄漏点源的浓度分布为

$$c(x,y,z,t) = \frac{Q}{8(\pi^3 t^3 K_x K_y K_z)^{\frac{1}{2}}} \exp\left[-\frac{1}{4t}\left(\frac{(x-ut)^2}{K_x} + \frac{y^2}{K_y} + \frac{z^2}{K_z}\right)\right] \tag{3-55}$$

(2)连续泄漏点源的扩散模型

①无风时连续泄漏点源的扩散模型。若连续泄漏点源的源强Q为常量,则任意一点的浓度仅是位置的函数,与时间无关,有$\partial c/\partial t = 0$,无风条件,$u=0$,则式(3-52)可简化为

$$K_x\frac{\partial^2 c}{\partial x^2} + K_y\frac{\partial^2 c}{\partial y^2} + K_z\frac{\partial^2 c}{\partial z^2} = 0 \tag{3-56}$$

初始条件:$x=y=z=0$时,$c\to\infty$。

边界条件:$x,y,z\to\infty$时,$c\to 0$。

源强为Q的无风连续泄漏点源的浓度分布为

$$c(x,y,z) = \frac{Q}{4\pi(K_x K_y K_z)^{\frac{1}{3}}(x^2+y^2+z^2)^{\frac{1}{2}}} \tag{3-57}$$

②有风时连续泄漏点源的扩散模型。有风时,连续泄漏点源的扩散为烟羽形状,沿风向方向,任一$y-z$平面的泄漏物质总量等于源强,即

$$Q = \int_{-\infty}^{\infty}\int_{0}^{\infty} cu\,\mathrm{d}y\,\mathrm{d}z \tag{3-58}$$

若流场稳定,则空间某一泄漏物质浓度恒定,不随时间改变,$\partial c/\partial t = 0$,有风条件下($u$

>1 m·s^{-1}),风力产生的平流输送作用要远远大于水平方向上的分子扩散作用,则有

$$u\frac{\partial c}{\partial x} \gg K_x\frac{\partial^2 c}{\partial x^2}$$

则式(3-52)可简化为

$$u\frac{\partial c}{\partial x} = K_y\frac{\partial^2 c}{\partial y^2} + K_z\frac{\partial^2 c}{\partial z^2} \tag{3-59}$$

初始条件和边界条件与式(3-56)相同。

源强为 Q 的有风连续泄漏点源的浓度分布为

$$c(x,y,z) = \frac{Q}{4\pi(K_yK_z)^{\frac{1}{2}}}\exp\left[-\frac{u}{4x}\left(\frac{y^2}{K_y}+\frac{z^2}{K_z}\right)\right] \tag{3-60}$$

上述模型均考虑的是泄漏物质在无边界的大气中扩散。而实际上物质泄漏往往发生在地面或近地表处,所以对泄漏物质的扩散过程进行模拟时,必须考虑地面的影响。

3) 有边界点源扩散模型

在考虑地面对扩散的影响时,通常按照全反射的原理,采用"像源法"处理,即地面如同一面"镜子",对泄漏物质既不吸收也不吸附,起着全反射的作用。因此认为地面上任意一点的浓度是两部分作用之和:一部分是不存在地面时此点应具有的浓度;另一部分是由于地面全反射增加的浓度。对于地面源,任意一点的浓度 $c(x,y,z)$ 为无边界条件下的 2 倍。对于地面上高为 H 的泄漏源,任意一点的浓度应是高为 H 的实源和高为 $-H$ 的虚源在此点造成的浓度之和。

(1) 无风时瞬时地面泄漏点源的烟团扩散模型

$$c(x,y,z,t) = \frac{Q}{4(\pi^3 t^3 K_xK_yK_z)^{\frac{1}{2}}}\exp\left[-\frac{1}{4t}\left(\frac{x^2}{K_x}+\frac{y^2}{K_y}+\frac{z^2}{K_z}\right)\right] \tag{3-61}$$

(2) 有风时连续地面泄漏点源的烟羽扩散模型

$$c(x,y,z) = \frac{Q}{2\pi x(K_yK_z)^{\frac{1}{2}}}\exp\left[-\frac{u}{4x}\left(\frac{y^2}{K_y}+\frac{z^2}{K_z}\right)\right] \tag{3-62}$$

(3) 有风时高为 H 的连续泄漏点源的烟羽扩散模型

$$c(x,y,z) = \frac{Q}{4\pi x(K_yK_z)^{\frac{1}{2}}}\exp\left(-\frac{uy^2}{4K_yx}\right)\cdot$$
$$\left\{\exp\left[-\frac{u(z-H)^2}{4K_zx}\right]+\exp\left[-\frac{u(z+H)^2}{4K_zx}\right]\right\} \tag{3-63}$$

式(3-63)为高斯扩散模型。若高 $H=0$ 即为地面点源扩散模型。

4) 帕斯奎尔-吉福德模型

(1) 大气稳定度与扩散参数的确定

上述所建立的扩散模型均假定湍流扩散系数 K_x、K_y、K_z 恒定,但实际上其随位置、时间、风速、主导气象条件而发生变化。为便于应用,定义扩散参数 σ_x、σ_y、σ_z 分别为

$$\left.\begin{array}{l}\sigma_x^2 = 2K_x t = 2K_x \dfrac{x}{u} \\[4pt] \sigma_y^2 = 2K_y t = 2K_y \dfrac{x}{u} \\[4pt] \sigma_z^2 = 2K_z t = 2K_z \dfrac{x}{u}\end{array}\right\} \tag{3-64}$$

扩散参数可以在现场测定,也可以在风洞中进行模拟试验来确定,还可以根据经验公式或图算法估算。目前应用较多的估算法是 P-G(Pasquill-Gifford)扩散曲线法。该方法根据常规所能观测到的气象资料划分大气稳定度级别,再利用 P-G 扩散曲线图直接查出下风向距离上的扩散参数 σ_y、σ_z 值,是在无法进行现场测定或模拟试验的情况下估算扩散参数的有效方法。

根据云量、云状、太阳辐射情况和地面风速(自地面至 10 m 高处的风速),可将大气的扩散能力从极不稳定到稳定划分为 A~F 六个稳定度等级。具体的分类方法见表 3-5。

表 3-5 稳定度级别划分

地面风速(自地面至 10 m 高处)/(m·s^{-1})	白天太阳辐射			阴天的白天或夜晚	有云的夜晚	
	强	中	弱		薄云遮天或低云云量≥5/10	云量<4/10
<2	A	A~B	B	D	F	F
2~3	A~B	B	C	D	E	F
3~5	B	B~C	C	D	D	E
5~6	C	C~D	D	D	D	D
>6	C	D	D	D	D	D

注:1) A—极不稳定;B—不稳定;C—弱不稳定;D—中性;E—弱稳定;F—稳定。
2) A~B 按 A、B 数据内插。
3) 夜晚定义为日落前 1 h 至日出后 1 h。
4) 无论处于何种天气状况,夜晚前后各 1 h 算作中性。

确定大气稳定度级别后,就可以按照 P-G 扩散曲线查出下风向距离 x 处的扩散系数 σ_y、σ_z 值。连续源的扩散系数 σ_y 和 σ_z 由图 3-13 和图 3-14 给出,相应的关系式由表 3-6 给出,表中没有给出 σ_x 的值,因为假设 $\sigma_x = \sigma_y$。烟团释放的扩散系数 σ_y 和 σ_z 由图 3-15 给出,方程由表 3-7 给出。

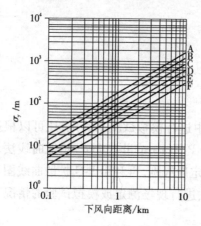 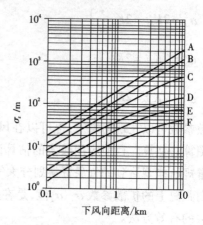

图 3-13 泄漏位于乡村时 Pasquill-Gifford 烟羽模型的扩散系数

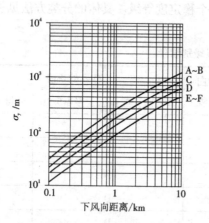 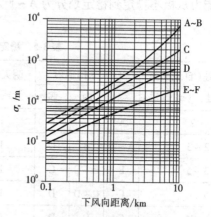

图 3-14 泄漏位于城市时 Pasquill-Gifford 烟羽模型的扩散系数

表 3-6 烟羽扩散模型的扩散系数方程

Pasquill-Gifford 稳定度等级	σ_y/m 或 σ_x/m	σ_z/m
乡村条件		
A	$0.22x(1+0.0001x)^{-1/2}$	$0.2x$
B	$0.16x(1+0.0001x)^{-1/2}$	$0.12x$
C	$0.11x(1+0.0001x)^{-1/2}$	$0.08x(1+0.0002x)^{-1/2}$
D	$0.08x(1+0.0001x)^{-1/2}$	$0.06x(1+0.0015x)^{-1/2}$
E	$0.06x(1+0.0001x)^{-1/2}$	$0.03x(1+0.0003x)^{-1}$
F	$0.04x(1+0.0001x)^{-1/2}$	$0.016x(1+0.0003x)^{-1}$
城市条件		
A~B	$0.32x(1+0.0004x)^{-1/2}$	$0.24x(1+0.0001x)^{1/2}$
C	$0.22x(1+0.0004x)^{-1/2}$	$0.2x$

续表

Pasquill-Gifford 稳定度等级	σ_y/m 或 σ_x/m	σ_z/m
D	$0.16x(1+0.0004x)^{-1/2}$	$0.14x(1+0.0003x)^{-1/2}$
E~F	$0.11x(1+0.0004x)^{-1/2}$	$0.08x(1+0.0015x)^{-1/2}$

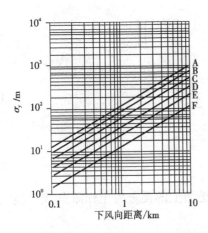 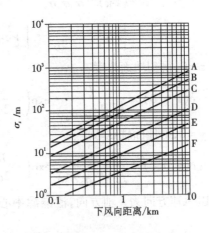

图 3-15　Pasquill-Gifford 烟团模型的扩散系数

表 3-7　烟团扩散模型的扩散系数方程

Pasquill-Gifford 稳定度等级	σ_y/m 或 σ_x/m	σ_z/m
A	$0.18x^{0.92}$	$0.60x^{0.75}$
B	$0.14x^{0.92}$	$0.53x^{0.73}$
C	$0.10x^{0.92}$	$0.34x^{0.71}$
D	$0.06x^{0.92}$	$0.15x^{0.70}$
E	$0.04x^{0.92}$	$0.10x^{0.65}$
F	$0.02x^{0.89}$	$0.05x^{0.61}$

(2) P-G 扩散烟团模型

① 瞬时地面点源。以风速方向为 x 轴方向,坐标原点取在泄漏点处,风速恒为 u,则源强为 Q 的浓度分布为

$$c(x,y,z,t)=\frac{Q}{\sqrt{2}\pi^{3/2}\sigma_x\sigma_y\sigma_z}\exp\left[-\frac{(x-ut)^2}{2\sigma_x^2}-\frac{y^2}{2\sigma_y^2}-\frac{z^2}{2\sigma_z^2}\right] \qquad (3-65)$$

令 $z=0$,得到地面浓度：

$$c(x,y,0,t)=\frac{Q}{\sqrt{2}\pi^{3/2}\sigma_x\sigma_y\sigma_z}\exp\left[-\frac{(x-ut)^2}{2\sigma_x^2}-\frac{y^2}{2\sigma_y^2}\right] \qquad (3-66)$$

令 $y=0$,得地面轴线浓度：

$$c(x,0,0,t) = \frac{Q}{\sqrt{2}\pi^{3/2}\sigma_x\sigma_y\sigma_z}\exp\left[-\frac{(x-ut)^2}{2\sigma_x^2}\right] \tag{3-67}$$

② 有效源高 H 的瞬时点源。以风速($u\neq 0$)方向为 x 轴方向,选取移动坐标系,任一时刻烟团中心的 x 轴坐标为 ut,则其浓度分布为

$$c(x,y,z) = \frac{Q}{(2\pi)^{3/2}\sigma_x\sigma_y\sigma_z}\exp\left(-\frac{y^2}{2\sigma_y^2}\right)\cdot$$

$$\left\{\exp\left[-\frac{(z-H)^2}{2\sigma_z^2}\right]+\exp\left[-\frac{(z+H)^2}{2\sigma_z^2}\right]\right\} \tag{3-68}$$

令 $z=0$,得到地面浓度:

$$c(x,y,0) = \frac{Q}{\sqrt{2}\pi^{3/2}\sigma_x\sigma_y\sigma_z}\exp\left(-\frac{y^2}{2\sigma_y^2}-\frac{H^2}{2\sigma_z^2}\right) \tag{3-69}$$

令 $y=0$,得地面轴线浓度:

$$c(x,0,0) = \frac{Q}{\sqrt{2}\pi^{3/2}\sigma_x\sigma_y\sigma_z}\exp\left(-\frac{H^2}{2\sigma_z^2}\right) \tag{3-70}$$

若以风速方向为 x 轴方向,泄漏源中心在地面上的投影为坐标原点,则其浓度分布为

$$c(x,y,z,t) = \frac{Q}{(2\pi)^{3/2}\sigma_x\sigma_y\sigma_z}\exp\left(-\frac{y^2}{2\sigma_y^2}\right)\cdot$$

$$\left\{\exp\left[-\frac{(z-H)^2}{2\sigma_z^2}\right]+\exp\left[-\frac{(z+H)^2}{2\sigma_z^2}\right]\right\}\cdot$$

$$\exp\left[-\frac{(x-ut)^2}{2\sigma_x^2}\right] \tag{3-71}$$

地面浓度和地面轴线浓度分别将式(3-69)、式(3-70)右侧乘以 $\exp\left[-\frac{(x-ut)^2}{2\sigma_x^2}\right]$ 项即可。

(3) P-G 扩散烟羽模型

① 连续地面点源。以风速($u\neq 0$)方向为 x 轴方向,假定流场稳定,坐标原点取在泄漏源中心处,则其浓度分布为

$$c(x,y,z) = \frac{Q}{\pi u\sigma_y\sigma_z}\exp\left(-\frac{y^2}{2\sigma_y^2}-\frac{z^2}{2\sigma_z^2}\right) \tag{3-72}$$

令 $z=0$,得到地面浓度:

$$c(x,y,0) = \frac{Q}{\pi u\sigma_y\sigma_z}\exp\left(-\frac{y^2}{2\sigma_y^2}\right) \tag{3-73}$$

令 $y=0$,得地面轴线浓度:

$$c(x,0,0) = \frac{Q}{\pi u\sigma_y\sigma_z} \tag{3-74}$$

② 有效源高 H 的连续点源。以风速($u\neq 0$)方向为 x 轴方向,泄漏源中心在地面上的

投影为坐标原点,假定流场稳定,则其浓度分布为

$$c(x,y,z) = \frac{Q}{2\pi u \sigma_y \sigma_z} \exp\left(-\frac{y^2}{2\sigma_y^2}\right) \cdot$$

$$\left\{\exp\left[-\frac{(z-H)^2}{2\sigma_z^2}\right] + \exp\left[-\frac{(z+H)^2}{2\sigma_z^2}\right]\right\} \tag{3-75}$$

令 $z=0$,得到地面浓度:

$$c(x,y,0) = \frac{Q}{\pi u \sigma_y \sigma_z} \exp\left(-\frac{y^2}{2\sigma_y^2} - \frac{H^2}{2\sigma_z^2}\right) \tag{3-76}$$

令 $y=0$,得地面轴线浓度:

$$c(x,0,0) = \frac{Q}{\pi u \sigma_y \sigma_z} \exp\left(-\frac{H^2}{2\sigma_z^2}\right) \tag{3-77}$$

因 σ_y、σ_z 是距离 x 的函数,随 x 增大而增大,则 $Q/(\pi \sigma_y \sigma_z u)$ 项随 x 增大而减小;而 $\exp[-H^2/(2\sigma_z^2)]$ 项随 x 增大而增大,两项共同作用,则必然在地面轴线的某一距离 x 处地面轴线浓度有最大值,当 $\sigma_z\big|_{x_{c_{\max}}} = \frac{H}{\sqrt{2}}$ 时,出现地面轴线最大浓度:

$$c(x,0,0)_{\max} = \frac{2Q}{e\pi u H^2}\left(\frac{\sigma_z}{\sigma_y}\right) = \frac{0.234Q}{uH^2} \cdot \frac{\sigma_z}{\sigma_y} \tag{3-78}$$

【例 3-5】 在氯乙烯生产过程中,大量使用氯气作为原料。某生产厂突然发生氯气泄漏,根据源模式估算约有 1.0 kg 氯气瞬间泄漏。泄漏时为有云的夜间,初步观测发现云量<4/10,风速为 2 m·s^{-1}。泄漏源高度很低,可近似为地面源处理。居民区距泄漏源处 400 m。根据以上信息,请回答以下问题:

①泄漏发生后,大约经多长时间烟团中心到达居民区?
②烟团到达居民区后,地面轴线氯气浓度为多少?是否超过国家卫生标准?(我国车间空气氯气的最高容许浓度标准 MAC 为 1 mg·m^{-3})
③试判断经多远的距离后,氯气的地面浓度才被大气稀释至可接受水平。
④估算烟团扩散至下风向 5 km 处的覆盖范围。

解:(1)$t = x/u = 400/2 = 200 \text{ s} = 3.33 \text{ min}$

烟团中心扩散至居民区仅需 3.33 min,可见泄漏发生后,用以发出警告或提醒通知居民的时间很短,必须在第一时间发出警告。

(2)应用公式 $c(x,0,0,t) = \dfrac{Q}{\sqrt{2}\pi^{3/2}\sigma_x\sigma_y\sigma_z}\exp\left[-\dfrac{(x-ut)^2}{2\sigma_x^2}\right]$。

根据题中所述情况,查表 3-5 知大气稳定度为 F 级。$x=400$ m,根据公式 $0.02x^{0.89}$ 得到 $\sigma_y=4.1$ m,根据公式 $0.05x^{0.61}$ 得到 $\sigma_z=1.9$ m,令 $\sigma_y=\sigma_x$,又 $t=200$ s,代入公式进行计算:

$$c(400,0,0,200) = \frac{1.0}{\sqrt{2}\times 3.14^{3/2}\times 4.1^2 \times 1.9}$$

$$= 3.98\times 10^{-3} \text{ kg}\cdot\text{m}^{-3}$$

$$= 3\,980 \text{ mg} \cdot \text{m}^{-3} > 1 \text{ mg} \cdot \text{m}^{-3}$$

可知扩散至居民区后，其地面轴线浓度远远超过了国家卫生标准。

③可接受的地面氯气浓度水平以其最高容许浓度 $1 \text{ mg} \cdot \text{m}^{-3}$ 考虑，则扩散至距离 x 处，$c(x,0,0) = 1 \text{ mg} \cdot \text{m}^{-3}$。

将有关数据代入公式简化后得到

$$c(x,0,0,t) = \frac{1.0}{\sqrt{2} \times 3.14^{3/2} \times \sigma_y^2 \sigma_z}$$

$$\sigma_y^2 \sigma_z = 1.27 \times 10^5 \text{ m}^3$$

利用试差法求解，即先假定 x 值，查出相应的 σ_y、σ_z 值，代入上式计算，直至满足上式。

x/km	σ_y/m	σ_z/m	$\sigma_y^2\sigma_z$/m^3	x/km	σ_y/m	σ_z/m	$\sigma_y^2\sigma_z$/m^3
10	72.6	13.8	7.27×10^4	12	85	15.4	1.11×10^5
11	79	14.6	9.11×10^4	13	91.7	16.2	1.36×10^5

再利用内插法求解 x：

$$1.27 \times 10^5 = 1.11 \times 10^5 + \frac{(1.36 - 1.11) \times 10^5 \times (x - 12)}{13 - 12}$$

$$x = 12.64 \text{ km}$$

这说明经过 12.64 km 后氯气的地面浓度才被大气稀释至可接受水平。

④烟团扩散至 5 km 处，所需时间为 $5\,000/2 = 2\,500$ s。

根据公式 $0.02x^{0.89}$ 得到 $\sigma_y = 39$ m，根据公式 $0.05x^{0.61}$ 得到 $\sigma_z = 9$ m，令 $\sigma_y = \sigma_x$，其所覆盖的范围以外边界浓度为国家卫生标准考虑，代入地面轴线浓度计算式：

$$c(5\,000, 0, 0, 2\,500) = 1.0 \times 10^{-6}$$

$$= \frac{1.0}{\sqrt{2} \times 3.14^{3/2} \times 39^2 \times 9} \exp\left[-\frac{1}{2} \times \frac{x - 5\,000^2}{39^2}\right]$$

解得 $x = (5\,000 \pm 82.3)$ m，说明覆盖了沿风向距离 164.6 m 的范围。

思考题

1. 化工企业中常见的泄漏源有哪些？
2. 泄漏物质在大气中扩散的过程中，风主要起什么作用？
3. 在有风和无风的条件下，泄漏物质的扩散有什么不同？
4. 气体或蒸气扩散的模式有哪些？
5. 某工厂的聚合反应以氯乙烯为原料，由于工艺参数瞬间变化后恢复正常，致使聚合反应釜上的安全阀动作，造成 0.5 kg 氯乙烯瞬间泄漏。安全阀排放高度为 16 m。当气象条件为强太阳辐射的白天、风速为 $3.2 \text{ m} \cdot \text{s}^{-1}$ 时，估算下风向 500 m 处地面氯乙烯的浓度。它是否会造成危害？

6. 某一常压苯储罐内径为 3 m。在其下部因腐蚀产生一个面积为 12.6 cm² 的小孔，小孔上方的苯液位高度为 4 m，巡检人员于上午 8:00 发现泄漏，立即进行堵漏处理，堵漏完成后，小孔上方液位高度为 2 m，请计算苯的泄漏量和泄漏开始的时间。

7. 垃圾焚化炉有一个有效高度为 100 m 的烟囱。在一个阳光充足的白天，风速为 2 m·s^{-1}，在下风向 200 m 处测得二氧化碳浓度为 5.0×10^{-5} g·m^{-3}。请估算从该烟囱排放出的二氧化硫的质量流量（g·s^{-1}），并估算地面二氧化碳的最大浓度及其位于下风向的位置。

8. 硅片的制造需使用乙硼烷。某工厂使用 1 瓶 250 kg 的乙硼烷。假设瓶破裂了，乙硼烷瞬间释放出来，请确定 15 min 后蒸气云的位置和气云中心的浓度，气云需要移动多远和多长时间才能将最大浓度减小到 5 mg·m^{-3}。

4 化工职业危害及其控制

化工生产过程中存在多种危害劳动者身体健康的因素,这些因素在一定条件下会对人体健康造成不良影响,严重时会危及生命安全。因此,掌握化工职业危害分析与控制知识对于保护劳动者的人身安全与健康、创建安全卫生的工作环境、促进化工行业安全生产具有重要的意义。

4.1 职业卫生与职业病概述

4.1.1 职业卫生

职业卫生是识别和评价不良的劳动条件对劳动者健康的影响以及研究改善劳动条件,保护劳动者健康的科学。职业卫生工作不仅承担着保护劳动者健康的神圣职责,同时也起着保护国家劳动力资源、维持社会劳动力资源可持续发展的作用。职业卫生工作不应局限于治疗已患病的劳动者,而更应注重治理和改善不良的劳动条件,控制职业危害因素,进而有效控制各种职业病和职业性损害的发生。

所谓职业危害因素是指在生产过程、劳动过程、作业环境中存在的对职工的健康和劳动能力产生有害作用并导致疾病的因素。其按来源可分为以下三类。

①与生产过程有关的职业危害因素。如来源于原料、中间产物、产品、机器设备的工业毒物、粉尘、噪声、振动、高温、电离辐射及非电离辐射、污染性因素等职业危害因素,它们均与生产过程有关。

②与劳动过程有关的职业危害因素。如作业时间过长、作业强度过大、劳动制度与劳动组织不合理、长时间强迫体位劳动、个别器官和系统过度紧张,均可造成对劳动者健康的损害。

③与作业环境有关的职业危害因素。该因素主要是指与一般环境因素有关的因素,如露天作业的不良气候条件、厂房狭小、车间位置不合理、照明不良等。

生产过程中的职业危害因素按其性质可作如下分类。

①化学因素:工业毒物,如铅、苯、汞、锰、一氧化碳;生产性粉尘,如矽尘、煤尘、石棉尘、有机性粉尘。

②物理因素:异常气象条件,如高温、高湿、低温、高气压、低气压;电离辐射,如 X 射线、γ 射线;非电离辐射,如紫外线、红外线、高频电磁场、微波、激光;噪声;振动。

③生物因素:皮毛的炭疽杆菌、蔗渣上的霉菌、布鲁氏杆菌、森林脑炎、病毒、有机粉

尘中的真菌、真菌孢子、细菌等。

此外,还可列出与劳动过程有关的劳动生理、劳动心理方面的因素以及与环境有关的环境因素。

4.1.2 职业病

职业病是指企业、事业单位和个体经济组织(以下统称用人单位)的劳动者在职业活动中,因接触粉尘、放射性物质和其他有毒、有害物质等因素而引起的疾病。但从法律意义上讲,职业病是有一定范围的,它是由政府主管部门所规定的特定疾病。法定职业病诊断、确诊、报告等必须按《中华人民共和国职业病防治法》的有关规定执行。

1957年2月,卫生部关于《职业病范围和职业病患者处理办法的规定》中将14种职业病列为国家法定的职业病。1963年,将布鲁氏杆菌列为职业病。1964年、1994年,先后将煤矿井下工人的滑囊炎、煤肺、炭黑尘肺列为职业病。1987年11月5日,卫生部、劳动人事部、财政部、中华全国总工会在关于修订颁发《职业病范围和职业病患者处理办法的规定》的通知中公布了修订的职业病名单,将职业病分为九大类99种。卫生部卫监发[2002]第108号文件中的职业病目录规定的职业病为十大类115种。2013年国家卫生计生委、国家安全监管总局、人力资源和社会保障部、全国总工会联合对职业病的分类和目录进行了调整,并印发了《职业病分类和目录》。新印发的《职业病分类和目录》规定的职业病为十大类132种。具体分类名单如下:①职业性尘肺病及其他呼吸系统疾病(19种);②职业性皮肤病(9种);③职业性眼病(3种);④职业性耳鼻喉口腔疾病(4种);⑤职业性化学中毒(60种);⑥物理因素所致职业病(7种);⑦职业性放射性疾病(11种);⑧职业性传染病(5种);⑨职业性肿瘤(11种);⑩其他职业病(3种)。

4.2 工业毒物及职业中毒

4.2.1 常见工业毒物及其对人体的危害

1) 工业毒物的定义

毒物通常是指较小剂量的化学物质,在一定条件下作用于机体,与细胞成分发生生物化学作用或生物物理变化,扰乱或破坏机体的正常功能,引起功能性或器质性改变,导致暂时性或持久性病理损害甚至危及生命者。毒物与非毒物之间并不存在绝对界限,只能以引起毒效应的剂量大小相对地加以区别。以盐酸为例,1%浓度的盐酸可内服,用于治疗胃酸分泌减少、影响消化吸收的患者,但如果内服浓盐酸,则可引起口腔、食道、胃和肠道严重灼伤,甚至致死。可见,低浓度盐酸是一种药物,而高浓度盐酸是一种毒物。

工业毒物(生产性毒物)是指生产中使用或产生的毒物。

在化学工业中,毒物的来源多种多样,可能是原料、中间体、成品、副产品、助剂、夹杂物、废弃物、热解产物、与水反应的产物,等等。

2) 工业毒物的形态

(1) 气体

气体指在生产场所的温度、气压条件下，散发于空气中的氯、溴、氨、一氧化碳、甲烷等。

(2) 蒸气

固体升华、液体蒸发时形成蒸气，如水银蒸气、苯蒸气等。

(3) 雾

雾是混悬于空气中的液体微粒，如喷洒农药和喷漆时所形成的雾滴，镀铬和蓄电池充电时逸出的铬酸雾和硫酸雾等。

(4) 烟

烟为直径小于 $0.1\ \mu m$ 的悬浮于空气中的固体微粒，如熔铜时产生的氧化锌烟尘，熔镉时产生的氧化镉烟尘，电焊时产生的电焊烟尘等。

(5) 气溶胶尘

气溶胶尘是能较长时间悬浮于空气中的固体微粒，直径大多为 $0.1\sim10\ \mu m$。悬浮于空气中的粉尘、烟和雾等微粒统称为气溶胶。

了解生产性毒物的存在形态，有助于研究毒物进入机体的途径、发病原因，且便于采取有效的防护措施以及选择车间空气中有害物的采样方法。生产性毒物无论以哪种形态存在，其产生来源是多种多样的，进行调查时，应按生产工艺过程调查清楚。

3) 工业毒物的分类

工业毒物的分类方法很多，有的按毒物来源分，有的按进入人体的途径分，有的按毒物作用的靶器官分。

目前，最常用的分类方法是将化学性质及其用途相结合的分类法。一般分为以下类别。

①金属、非金属及其化合物，这是最多的一类。

②卤族及其无机化合物，如氟、氯、溴、碘等。

③强酸和碱物质，如硫酸、硝酸、盐酸、氢氧化钠、氢氧化钾、氢氧化铵等。

④氧、氮、碳的无机化合物，如臭氧、氮氧化物、一氧化碳、光气等。

⑤窒息性惰性气体，如氮、氖、氩、氪等。

⑥有机毒物，按化学结构又分为脂肪烃类、芳香烃类、卤代烃类、氨基及硝基烃类、醇类、醛类、酚类、醚类、酮类、酰类、酸类、腈类、杂环类、羰基化合物等。

⑦农药类，包括有机磷、有机氯、有机汞、有机硫等。

⑧染料及中间体、合成树脂、橡胶、纤维等。

工业毒物按作用性质还可分为刺激性、腐蚀性、窒息性、麻醉性、溶血性、致敏性、致癌性、致突变性等毒物。

工业毒物按损害的器官或系统（靶器官）可分为神经毒性、血液毒性、肝脏毒性、肾脏毒性、全身毒性等毒物。有的毒物具有两种作用，有的具有多种作用或全身性作用。

4) 工业毒物进入人体的途径

(1) 呼吸道

空气中的有毒物质易因呼吸作用进入人体。由于毒物的性质及呼吸道各部分的特点不同,吸收情况也不同。水溶性强的毒物,易被上呼吸道黏膜溶解吸附吸收;水溶性差的毒物,进入肺泡被吸收,易引起全身中毒。肺泡气与血液中的毒物浓度梯度是扩散过程的推动力,对于同一种毒物,其值愈大,吸收愈快,反之则慢。血气分配系数[饱和时血中的毒物浓度($mg \cdot L^{-1}$)与肺泡气中的毒物浓度($mg \cdot L^{-1}$)的比值]愈大,毒物愈易进入血液。

可以根据车间空气中有毒物质的浓度估算接触者的吸收量:

$$估算剂量(mg \cdot kg^{-1}) = 毒物浓度(mg \cdot m^{-3}) \times 10 \ m^3 \times 潴留率(\%)/体重(kg) \tag{4-1}$$

其中,毒物浓度采用时间加权平均浓度($mg \cdot m^{-3}$);$10 \ m^3$ 表示 8 h 内人的大约通气量;潴留率与化学物质的水溶性有关,可由表 4-1 得到。

表 4-1 化学物质的水溶性与潴留率的关系

在水中的溶解性	溶解度/%	潴留率/%
基本不溶	<0.1	10
难溶	0.1~5	30
中等程度溶	5~10	50
易溶	50~100	80

(2) 皮肤

有些工业毒物可以通过无损的皮肤(包括表皮、黏膜、毛囊皮脂腺、汗腺、眼睛)进入人体。工业毒物经皮肤吸收包括两个扩散过程:一是穿透表皮的角质层;二是在真皮经毛细血管吸收进入血液。既具有脂溶性又具有水溶性的物质最易经皮肤吸收,如脂溶性与水溶性都很好的苯胺易经皮肤吸收,而脂溶性很好、水溶性极微的苯经皮肤吸收较少。对皮肤有腐蚀性的物质会严重损伤皮肤的完整性,可显著增加毒物的渗透吸收。低分子量的有机溶剂,如甲醇、乙醚、丙酮等,可损伤皮肤的屏障功能。水与皮肤较长时间接触,可因角质层的水合作用而增强皮肤对水溶性毒物的吸收。相对分子质量大于 300 的物质不易经皮肤吸收。皮肤性状、环境温度、湿度等均会影响毒物经皮肤吸收的程度。

(3) 消化道

工业毒物由消化道进入人体的机会很少,多由于不良的卫生习惯造成误服,或由于呼吸道黏液混有部分毒物,被无意吞入。毒物的吸收主要受胃肠道的酸碱度和毒物的脂溶性等因素影响。

5) 工业毒物对人体的危害

按照对靶器官的作用,毒物可以分为以下类型。

(1) 神经系统毒物

神经系统毒物对中枢神经和周围神经系统均有不同程度的危害作用，其表现为神经衰弱症候群：全身无力、易疲劳、记忆力减退、头昏、头痛、失眠、心悸、多汗、多发性末梢神经炎及中毒性脑病等。汽油、四乙基铅、二硫化碳等中毒还表现为兴奋、狂躁、癔症。

(2) 呼吸系统毒物

氨、氯气、氮氧化物、氟、三氧化二砷、二氧化硫等刺激性毒物可引起声门水肿及痉挛、鼻炎、气管炎、支气管炎、肺炎及肺水肿。有些高浓度毒物（如硫化氢、氯、氨等）能直接抑制呼吸中枢或引起机械性阻塞而造成窒息。

(3) 血液和心血管系统毒物

严重的苯中毒可抑制骨髓造血功能。砷化氢、苯肼等中毒可引起严重的溶血，出现血红蛋白尿，导致溶血性贫血。一氧化碳中毒可使血液的输氧功能发生障碍。钡、砷、有机农药等中毒可造成心肌损伤，直接影响到人体血液循环系统的功能。

(4) 消化系统毒物

肝是解毒器官，人体吸收的大多数毒物积蓄在肝脏里，并由它进行分解、转化，起到自救作用。但某些"亲肝性毒物"，如四氯化碳、磷、三硝基甲苯、锑、铅等，主要伤害肝脏，往往造成急性或慢性中毒性肝炎。汞、砷、铅等急性中毒可引发严重的恶心、呕吐、腹泻等消化道炎症。

(5) 泌尿系统毒物

某些毒物损害肾脏，尤其以升汞和四氯化碳等引起的急性肾小管坏死性肾病最为严重。此外，乙二醇、汞、镉、铅等也可以引起中毒性肾病。

(6) 损伤皮肤的毒物

强酸、强碱等化学药品及紫外线可导致皮肤灼伤和溃烂。液氯、丙烯腈、氯乙烯等可引起皮炎、红斑和湿疹等。苯、汽油能使皮肤因脱脂而干燥、皲裂。

(7) 危害眼睛的毒物

化学物质的碎屑、液体、粉尘飞溅到眼内，可引发角膜或结膜的刺激炎症、腐蚀灼伤或过敏反应。尤其是腐蚀性物质，如强酸、强碱、生石灰或氨水等，可使眼结膜坏死糜烂或角膜混浊。甲醇影响视神经，严重时可导致失明。

(8) 致突变、致癌、致畸毒物

某些化学毒物可引起机体遗传物质的变异，这类能引发突变作用的化学物质称为化学致突变物。有的化学毒物能致癌，这类能引起人类或动物癌病的化学物质称为致癌物。有些化学毒物对胚胎有毒性作用，可引起畸形，这类化学物质称为致畸物。

(9) 影响生殖功能的毒物

工业毒物对女工的月经、妊娠、授乳等生殖功能会产生不良影响，不仅对妇女本身有害，而且累及下一代。接触苯及其同系物、汽油、二硫化碳、三硝基甲苯的女工，易出现月经过多综合征；接触铅、汞、三氯乙烯的女工，易出现月经过少综合征。化学诱变物可引起生殖细胞突变，引发畸胎，尤其是妊娠后的前三个月，胚胎对化学毒物最敏感。在胚胎发育过程中,某些化学毒物可致胎儿生产迟缓,致胚胎的器官或系统发生畸形,使受精卵死亡或被吸收。有机汞和多氯联苯均有致畸胎作用。

接触二硫化碳的男工,精子数会减少,影响生育;铅、二溴氯丙烷对男性生育功能也有影响。

4.2.2 工业毒物的毒性

1)毒性及分级

毒性是指某种化学物引起机体损害能力的大小或强弱。化学物的毒性大小与机体吸收该化学物的剂量、进入靶器官毒效应部位的数量和引起机体损害的程度有关。高毒性化学物仅以小剂量就能引起机体的损害。低毒性化学物则需大剂量才能引起机体的损害。引起某种毒效应所需的化学物剂量愈小,则该化学物毒性愈大;反之,则毒性愈小。在同样剂量水平下,高毒性化学物引起机体的损害程度较严重,而低毒性化学物引起的损害程度往往较轻微。

描述急性毒性最常用的指标是半数致死剂量(LD_{50})。其含义是某种化学物预期可致50%的受试动物死亡的剂量值。它是常用的急性毒性分级的主要依据。在生产、包装、运输、储存和销售使用过程中,需根据化学物毒性分级采取相应的防护措施。为便于比较化学物的毒性及管理有毒化学物,国内外根据LD_{50}值大小提出了许多急性毒性分级标准,但这些分级标准尚未统一。国内工业毒物急性毒性分级标准见表4-2。值得注意的是,一些化学物质急性毒性不大,而慢性毒性却很大,所以化学物的急性毒性分级与慢性毒性分级不能一概而论。

表4-2 我国工业毒物急性毒性分级标准

毒性分级	经口 LD_{50} /(mg·kg^{-1})	吸入 LD_{50}(2h,小鼠) /(mg·m^{-3})	经皮 LD_{50}(兔) /(mg·kg^{-1})
剧毒	<10	<50	<10
高毒	10~100	50~500	10~50
中等毒	101~1 000	501~5 000	51~500
低毒	1 001~10 000	5 001~50 000	501~5 000
微毒	>10 000	>50 000	>5 000

2)毒性作用

化学物质的毒性作用是毒物原型或其代谢产物在效应部位达到一定数量并停留一定时间,与组织大分子成分互相作用的结果。毒性作用又称为毒效应,是化学物质对机体所致的不良或有害的生物学改变,故又可称为不良效应、损伤作用或损害作用。毒性作用的特点是,在接触化学物质后,机体表现出各种功能障碍、应激能力下降、维持机体稳态的能力降低及对于环境中的其他有害因素敏感性增高等。

3) 毒性作用分类

(1) 按毒性作用发生的时间分类

按毒性作用发生的时间可将其分为急性毒作用、慢性毒作用、迟发性毒作用、远期毒作用四类。急性毒作用是指较短时间内(小于 24 h)一次或多次接触化学物后,在短期内(小于两周)出现的毒效应。如各种腐蚀性化学物、许多神经性毒物、氧化磷酸化抑制剂、致死合成剂等,均可引起急性毒作用。慢性毒作用是指长期甚至终身接触小剂量化学物缓慢产生的毒效应。如环境或职业性接触化学物,多数表现出这种效应。在接触当时不引起明显病变,或者在急性中毒后临床上可暂时恢复,但经过一段时间后,又出现一些明显的病变和临床症状,这种效应称为迟发性毒作用。典型的例子是重度一氧化碳中毒,经救治恢复神志后,过若干天又可能出现精神或神经症状。远期毒作用是指化学物作用于机体或停止接触后,经过若干年发生的不同于中毒病理改变的毒效应。一般指致突变、致癌和致畸作用。

(2) 按毒性作用发生的部位分类

按毒性作用发生的部位可将其分为局部毒作用和全身毒作用两类。局部毒作用是指化学物引起机体直接接触部位的损伤,多表现为腐蚀和刺激作用。腐蚀性化学物主要作用于皮肤和消化道,刺激性气体和蒸气作用于呼吸道。这类作用表现为受作用部位的细胞广泛损伤或坏死。全身毒作用是指化学物经吸收后,随血液循环分布到全身而产生的毒作用。其损害一般发生于一定的组织和器官系统,使其受损伤或发生改变,常常表现为麻醉作用、窒息作用、组织损伤及全身病变。这些受损的效应器官称为靶器官。靶器官并不一定是毒物或其活性代谢产物浓度最高的器官。如一氧化碳与血红蛋白有极大的亲和力,能引起全身缺氧,并损伤对缺氧敏感的中枢神经系统及增加呼吸系统的负担。许多具有全身作用的毒物不一定能引起局部作用;能引起局部作用的毒物则可能通过神经反射或吸收入血而引起全身性反应。

(3) 按毒性作用损伤的恢复情况分类

按毒性作用损伤的恢复情况可将其分为可逆性毒作用和不可逆性毒作用两类。可逆性毒作用指停止接触毒物后其作用可逐渐消退的毒效应。接触的毒物浓度低,时间很短,所产生的毒效应多是可逆的。不可逆性毒作用指停止接触毒物后,引起的损伤继续存在,甚至可进一步发展的毒效应。某些毒作用显然是不可逆的,如致突变、致癌、神经元损伤、肝硬化等。某些作用尽管在停止接触后一定的时间内消失,但仍可看作是不可逆的。机体接触的化学物的剂量大、时间长,常产生不可逆性毒作用。

(4) 按毒性作用的性质分类

按毒性作用的性质可将其分为一般毒作用和特殊毒作用。一般毒作用指化学物质在一定的剂量范围内经一定的接触时间,按照一定的接触方式,均可能产生的某些毒效应。例如急性毒作用、慢性毒作用。特殊毒作用是指接触化学物质后引起不同于一般毒作用规律或出现特殊病理改变的毒作用,包括变态反应、特异体质反应、致癌作用、致畸作用和致突变作用。

4) 毒性参数

化学物的毒性可以用一些毒性参数表示,常用的毒性参数有以下几种。

(1) 致死剂量或浓度

目前,最通用的急性毒性参数是动物致死剂量或浓度,因为死亡是最明确的观察指标。包括:绝对致死剂量(LD_{100})、半数致死剂量(LD_{50})、最小致死剂量(Minimum Lethal Dose,MLD)和最大耐受剂量(Maximum Tolerated Dose,MTD)。LD_{100}是化学物质引起受试动物全部死亡所需要的最低剂量或浓度,如再降低剂量,即有存活者;LD_{50}是化学物质引起一半受试动物死亡所需要的剂量,化学物质的急性毒性与LD_{50}成反比,即急性毒性越大,LD_{50}的数值越小;MLD是化学物质引起个别动物死亡的最小剂量,低于该剂量水平,不会引起动物死亡;MTD是化学物质不引起受试对象死亡的最高剂量,若高于该剂量即可出现死亡。

(2) 阈剂量

阈剂量是化学物引起生物体某种非致死性毒效应(包括生理、生化、病理、临床征象等改变)的最低剂量。一次染毒所得的阈剂量称急性阈剂量(Lim_{ac});长期多次小剂量染毒所得的阈剂量称慢性阈剂量(Lim_{ch})。在亚慢性或慢性实验中,阈剂量表达为最低有害作用水平(Lowest Observed Adverse Effect Level,LOAEL)。类似的概念还有最小作用剂量(Minimal Effect Dose,MED)。

(3) 无作用剂量

化学物不引起生物体某种毒效应的最大剂量称无作用剂量,比其高一档水平的剂量就是阈剂量。无作用剂量是根据目前的认识水平,用最敏感的实验动物,采用最灵敏的实验方法和观察指标,未能观察到化学物对生物体的有害作用的最高剂量。在亚慢性或慢性实验中,以无明显作用水平(No Observed Effect Level, NOEL)或无明显有害作用水平(No Observed Adverse Effect Level, NOAEL)表示。

实际上,阈剂量和无作用剂量都有一定的相对性,不存在绝对的阈剂量和无作用剂量。因为,如果使用更敏感的实验动物和观察指标,就可能出现更低的阈剂量或无作用剂量。所以,将阈剂量和无作用剂量称为LOAEL和NOAEL较为确切。在表示某种外来化学物的LOAEL和NOAEL时,必须说明实验动物的种属、品系、染毒途径、染毒时间和观察指标。根据亚慢性或慢性毒性实验获得的LOAEL和NOAEL,是评价外来化学物引起生物体损害的主要指标,可作为制定某种外来化学物接触限值的基础。

(4) 蓄积系数

化学物在生物体内的蓄积现象,是发生慢性中毒的物质基础。蓄积毒性是评价外来化学物是否容易引起慢性中毒的指标,蓄积毒性的大小可用蓄积系数(K)来表示,常用多次染毒所得的$LD_{50}(n)$与一次染毒所得的$ED_{50}(1)$之比值表示,即$K = LD_{50}(n)/ED_{50}(1)$。$K$值愈大,蓄积毒性愈小。

4.2.3 最高容许浓度与阈限值

1）最高容许浓度

最高容许浓度（Maximum Allowable Concentration，MAC）是指工作地点在一个工作日内任何时间有害化学物质均不应超过的浓度。《工业企业设计卫生标准》（GBZ1—2010）中规定了工作场所空气中51种化学物质的最高容许浓度。

在使用最高容许浓度的过程中，应注意以下问题。

① 对某些物质，目前国内未制定标准，但并不等于安全，可参考国外标准及相关的资料。例如：石油化工生产中采用异丙苯法制苯酚、丙酮，其中的中间产品——异丙苯具有麻醉作用，对眼、皮肤、黏膜有轻度刺激作用，国内未制定其MAC，所以在苯酚、丙酮的生产中不仅要注意苯酚、丙酮的毒害性，也必须注意异丙苯的毒害性。

② 在最高容许浓度及阈限值中，凡注有"[皮]"字样的物质可经皮肤（包括黏膜和眼睛）吸收，且其吸收量在总吸收负荷中所占比例不可忽略。此时若只注意呼吸道防护，而使皮肤处于暴露状态，则可因毒物经皮肤吸收而导致中毒。"[皮]"标记提醒在做好呼吸防护的同时，也要做好皮肤防护，以保持阈值的有效性。

③ 在进行车间空气中工业毒物的监测时，采样点的数量、采样点的设置、采样时机、采样频率以及采样方法应按照国家标准《有毒作业场所空气采样规范》（GB 13733—1992）执行。样品的监测检验必须严格按照有关规范、标准或其卫生标准的附录执行。

④ 最高容许浓度是一项卫生标准，不能作为衡量毒物相互间毒性大小比例关系的依据。

⑤ 车间空气中存在两种以上毒物时，要注意其联合作用。世界卫生组织（WHO）专家委员会1981年的技术报告中提出，当有害因素危害机体时，可发生独立作用、协同作用和拮抗作用三类。独立作用是指混合物的毒性是各个毒物单独作用结果的简单汇总。协同作用是指相加作用，若各种毒物在化学结构上属同系物，或结构相近似，或作用的主要靶器官相同，毒作用等于各毒物分别作用的强度的总和。一般情况下，有机溶剂蒸气的混合物可认为具有相加作用，如苯、甲苯、二甲苯的混合物。拮抗作用是指一种毒物减弱另一种毒物的毒性，总的毒效应小于各毒物单独作用的总和，如乙醇拮抗二氯乙烷、乙二醇的毒作用，铅可以拮抗四氯化碳的毒作用。

当有两种以上毒物存在时，日常卫生监督中如不能判断其联合作用，可认为是相加作用，采用下式进行评价：

$$\sum_{i=1}^{n} c_i/c_i' = c_1/m_1 + c_2/m_2 + \cdots + c_n/m_n \leq 1 \tag{4-2}$$

式中 $c_1, c_2, \cdots, c_n$——各物质的实测浓度；

$m_1, m_2, \cdots, m_n$——各物质的最高容许浓度。

评价结果：等于1，表示共存物质浓度达到容许的最高浓度；小于1，表示共存物质浓度低于最高容许浓度；大于1，表示共存物质浓度高于最高容许浓度。

【例 4-1】 某车间空气中有苯、甲苯、二甲苯三种毒物共存,经分析检测浓度分别为 20 mg·m^{-3}、20 mg·m^{-3} 和 60 mg·m^{-3},查阅相关资料知三种物质的 MAC 分别为 40 mg·m^{-3}、100 mg·m^{-3} 和 100 mg·m^{-3},请判断车间空气中的有毒物质浓度是否超过国家卫生标准。

解:苯、甲苯、二甲苯三种毒物共存时,可认为是毒物联合作用中的相加作用,按式(4-2)计算:

$$\frac{20}{40} + \frac{20}{100} + \frac{60}{100} = 1.3 > 1$$

结论为超标。

说明该生产车间必须进行整改,以使空气中有毒物质的浓度符合国家卫生标准。

2) 阈限值

阈限值(Threshold Limit Value,TLV)是指化学物质在空气中的浓度限值,在该浓度条件下每日反复暴露的几乎所有工人不致受到有害影响。美国等国家采用此类标准。阈限值主要有以下三种。

(1) 时间加权平均浓度(TLV-TWA)

时间加权平均浓度主要是指正常 8 h 工作日和 40 h 工作周的时间加权平均浓度。在此浓度下,几乎所有工人日复一日反复暴露都不致受到不良影响。

时间加权平均浓度的计算公式为

$$c = \frac{c_1 t_1 + c_2 t_2 + \cdots + c_n t_n}{t_1 + t_2 + \cdots + t_n} \tag{4-3}$$

式中 $c_1, c_2, \cdots, c_n$——各操作点测得的空气中尘毒的浓度,mg·m^{-3};

$t_1, t_2, \cdots, t_n$——工人在测定点实际接触尘毒的时间,min。

(2) 短期接触限值(TLV-STEL)

在此浓度下,工人可短时间连续暴露而不致受到:①刺激作用;②慢性或不可逆组织损伤;③足以导致事故伤害增大,丧失自救能力以及明显降低工作效率的麻醉作用。

TLV-STEL 并非单独规定的暴露限值,而是对 TLV-TWA 的补充,用于毒性作用基本属于慢性,但有明显急性效应的物质。

STEL 是指在一个工作日内,任何暴露时间不应超过 15 min 的时间加权平均浓度(即使 8 h 的 TLV-TWA 并未超过要求)。在 STEL 下的暴露时间不应超过 15 min,每日反复不应超过 4 次,且各次之间的间隔时间至少应为 60 min。如果有明显的生物效应依据,则可采用另一暴露时间。

(3) 极限阈限值(TLV-C)

极限阈限值主要是指任何暴露时间均不应超过的浓度。

4.3 生产性粉尘及其对人体的危害

4.3.1 生产性粉尘的概念、来源及分类

1) 生产性粉尘的概念

能够较长时间浮游于空气中的固体微粒称为粉尘。在生产中，与生产过程有关而形成的粉尘称为生产性粉尘。生产性粉尘对人体有多方面的不良影响，尤其是含有游离二氧化硅的粉尘，能引起严重的职业病——矽肺；生产性粉尘还能影响某些产品的质量，加速机器的磨损；微细粉末状原料、成品等成为粉尘到处飞扬，会造成经济上的损失，污染环境，危害人民健康。

2) 生产性粉尘的来源

生产性粉尘的来源主要有以下方面。

①固体物质的机械加工和粉碎，其所形成的尘粒，小者为借助超显微镜才能看到的微细粒子，大者肉眼即可见到。如金属的研磨、切削，矿石或岩石的钻孔、爆破、破碎、磨粉以及粮谷加工等。

②物质加热时产生的蒸气在空气中凝结、被氧化，其所形成的微粒直径多小于 $1\ \mu m$。如熔炼黄铜时，铜蒸气在空气中冷凝、被氧化形成氧化铜烟尘。

③有机物质的不完全燃烧，其所形成的微粒直径多在 $0.5\ \mu m$ 以下。如木材、油、煤炭等燃烧时所产生的烟。

此外，铸件在翻砂、清砂时或在生产中使用的粉末状物质在进行混合、过筛、包装、搬运等操作时，沉积的粉尘由于振动或气流的影响又重新浮游于空气中(二次扬尘)也是其来源。

3) 生产性粉尘的分类

生产性粉尘根据其性质可分为以下三类。

①无机性粉尘：矿物性粉尘，如硅石、石棉、滑石等；金属性粉尘，如铁、锡、铝、铅、锰等；人工无机性粉尘，如水泥、金刚砂、玻璃纤维等。

②有机性粉尘：植物性粉尘，如棉、麻、面粉、木材、烟草、茶等；动物性粉尘，如兽毛、角质、骨质、毛发等；人工有机粉尘，如有机燃料、炸药、人造纤维等。

③混合性粉尘：系上述各种粉尘混合存在。在生产环境中，最常见的是混合性粉尘。

4.3.2 生产性粉尘对人体的危害

在粉尘环境中工作，人的鼻腔只能阻挡所吸入粉尘总量的 30% ~ 50%，其余部分就进入呼吸道内。长期吸入粉尘，粉尘积累会引起机体的病理变化。直径小于 $10\ \mu m$（尤其是 $0.5 \sim 5\ \mu m$）的飘尘类能进入肺部并黏附在肺泡壁上引起尘肺病变。有些粉尘能进入血液中，进一步对人体产生危害。生产性粉尘引起的危害和疾病一般有以下几种。

1) 尘肺

长期吸入某些较高浓度的生产性粉尘所引起的最常见的职业病是尘肺,尘肺包括硅沉着病、石棉肺、铁肺、煤工尘肺、有机物(纤维、塑料)尘肺以及电焊烟尘引起的电焊工尘肺等。尤其以长期吸入较高浓度的含游离二氧化硅的粉尘造成肺组织纤维化而引起的硅沉着病最为严重,其可导致肺功能减退,最后因缺氧而死亡。

2) 中毒

吸入的铅、砷、锰、氰化物、化肥、塑料、助剂、沥青等毒性粉尘,会在呼吸道溶解并被吸收,进入血液循环引起中毒。

3) 上呼吸道慢性炎症

某些粉尘,如棉尘、毛尘、麻尘等,在吸入呼吸道后附着于鼻腔、气管、支气管的黏膜上,对黏膜的长期刺激作用和黏膜的继发感染,易导致慢性炎症。

4) 皮肤疾患

粉尘落在皮肤上可堵塞皮脂腺、汗腺而引起皮肤干燥、继发感染,导致粉刺、毛囊炎等。沥青粉尘可引起光感性皮炎。

5) 眼疾患

烟草粉尘、金属粉尘等可引起角膜损伤;沥青粉尘可引起光感性结膜炎。

6) 致癌作用

接触放射性矿物粉尘易发生肺癌,石棉尘可引起胸膜间皮瘤,铬酸盐、雄黄矿等可引起肺癌。

生产性粉尘除了对劳动者的身体健康造成危害之外,对生产亦有很多不良影响,如加速机械磨损,降低产品质量,污染环境,影响照明等。最值得注意的是,许多易燃粉尘在一定条件下会发生爆炸,造成经济损失和人员伤亡。

4.3.3 生产性粉尘的卫生标准

根据生产性粉尘中游离二氧化硅含量、工人接触粉尘时间肺总通气量以及生产性粉尘浓度超标倍数三项指标,划分生产性粉尘作业危害程度,见表4-3。

人体对粉尘具有一定的清除功能,大于10 μm的可被上呼吸道清除;5~10 μm的可因下呼吸道黏膜上皮的纤毛运动随黏液向外运动,并通过咳嗽排出体外;基本上只有5 μm以下的粉尘才可进入肺泡和终末细支气管,因此被称作呼吸性粉尘。尘肺尸检资料表明,尘肺纤维化病灶中的粉尘粒子大多为呼吸性粉尘,故在最近制定的卫生标准中已开始采用呼吸性粉尘标准。

粉尘中游离二氧化硅的含量很大程度上影响粉尘的致纤维化能力,多数粉尘标准中限定了该粉尘中游离二氧化硅的含量,在应用中要给予注意。

石棉粉尘的危害性是由其纤维特性决定的,故其最高容许浓度以每毫升空气中的石棉纤维数($f \cdot mL^{-1}$)表示。

表 4-3 生产性粉尘作业危害程度分级

生产性粉尘中游离二氧化硅含量/%	工人接触粉尘时间肺总通气量/(L·d⁻¹·人⁻¹)	生产性粉尘浓度超标倍数							
		0	1	2	4	8	16	32	64
≤10	≤4 000								
	≤6 000								
	>6 000	0		Ⅰ		Ⅱ		Ⅲ	Ⅳ
>10~40	≤4 000								
	≤6 000								
	>6 000								
>40~70	≤4 000								
	≤6 000								
	>6 000								
>70	≤4 000								
	≤6 000								
	>6 000								

4.4 潜在职业危害的辨识

职业卫生危害辨识是解决潜在健康问题的前提。由于化学工程技术十分复杂,需要工业卫生工作者、过程设计人员、操作人员、实验室工作人员和管理者的共同努力。

在化工厂内,对许多危险化学品的潜在危险必须辨识出来,并加以控制。当操作有毒、易燃化学品时,潜在的危险条件可能很多,为了在这些情况下仍然能安全操作,就需要关注制度、技能、责任心和技术细节。

辨识需要对化工过程、操作条件和操作程序进行细致的研究。信息来源包括过程设计描述、操作指南、安全检查、设备卖方的描述、化学品供应商提供的信息和操作人员提供的信息。辨识的质量是所使用的信息资源数量和所提问题质量的函数。在辨识过程中,整理和合并所得到的信息,对于辨识由多个暴露的组合效应所引起的新的潜在危险是很有必要的。

在辨识过程中,对潜在危害和接触方式可参照表 4-4 进行辨识并记录。

表4-4 潜在危害的辨识

潜在危害		潜在伤害	
液体	噪声		
蒸气	辐射	肺	皮肤
粉尘	温度	耳朵	眼睛
烟熏	机械	神经系统	肝脏
毒物侵入方式		肾脏	生殖系统
吸入	食入	循环系统	其他器官
身体吸收(皮肤或眼睛)	注射		

4.5 潜在职业危害的评价

评价阶段确定人员暴露在有毒物质中的范围和程度以及工作环境的物理危害程度。

在评价研究的过程中,必须考虑大量和少量泄漏的可能性。发生大量泄漏,人员突然暴露于高浓度有毒环境中可能立刻导致急性影响,如人员意识不清、眼睛烧伤,或者咳嗽。如果他们被迅速地移出受污染区域,就很少会对人造成持久性伤害。因此,应准备好通往未污染环境的通道。

慢性影响源于反复暴露在少量泄漏导致的低浓度有毒环境中。许多有毒化学品的蒸气是无色无味的(中毒浓度可能低于嗅觉下限)。这些物质少量泄漏可能在几个月甚至几年中都不会被发现。长期暴露在这样的环境中,可能导致持久的严重伤害。人们必须对预防和控制低浓度有毒气体给予特别的关注。因此,做好连续评价的准备是非常必要的,也就是说,必须连续地或频繁地和周期性地取样和分析。

为确定现有控制措施的有效性,可通过取样分析来确定人员是否可能暴露于有害的环境中。如果问题很明显,必须立即对控制措施进行补充,可以使用临时性的控制措施,如个人防护设备,随后制定长期和持久性的控制措施。

4.5.1 通过监测对易挥发毒物的暴露进行评价

确定人员暴露的直接方法是连续在线监测工作环境中的有毒物质浓度。对于连续的浓度数据 $c(t)$,可通过下式计算 TWA(时间加权平均)浓度值:

$$\text{TWA} = \frac{1}{8}\int_0^{t_w} c(t)\,\mathrm{d}t \tag{4-4}$$

式中 $c(t)$——化学物质在空气中的浓度,$\text{mg}\cdot\text{m}^{-3}$;

t_w——员工的工作时间,h。

积分值通常除以 8 h,而不依赖实际工作时间的长短。这样,如果员工暴露在化学物质浓度水平等于 TLV-TWA 的环境中 12 h,就会超过 TLV-TWA。

连续监测并不是通常所采用的方式,因为大多数工厂没有必要的设备。更常见的情形是间隔采集样本,这些样本须及时反映员工在固定位置的暴露。如果假设浓度 c_i 在时间 t_i 内是固定不变的(或者有一平均值),那么 TWA 浓度可用下式计算:

$$\text{TWA} = \frac{c_1 t_1 + c_2 t_2 + \cdots + c_n t_n}{8} \tag{4-5}$$

所有的监测系统都存在缺点,因为:①员工进出暴露场所;②毒物浓度在工作区的不同位置是变化的。工业卫生工作者在选择和安放工作区监测设备以及对数据的解释方面起着非常重要的作用。

如果工作区中存在多种化学物质,那么一个方法就是假设毒物效应是叠加的(除非有其他相反的信息)。具有不同 TLV-TWA 的多种毒物的联合暴露,用下式确定:

$$\sum_{i=1}^{n} \frac{c_i}{(\text{TLV-TWA})_i} \tag{4-6}$$

式中　n——毒物的总数;

　　　c_i——化学物质 i 相对于其他毒物的浓度;

　　　$(\text{TLV-TWA})_i$——化学物质 i 的 TLV-TWA。

如果式(4-6)的值超过 1,那么员工就暴露过度了。

混合物的 TLV-TWA 可用下式计算:

$$(\text{TLV-TWA})_{\text{mix}} = \frac{\sum_{i=1}^{n} c_i}{\sum_{i=1}^{n} \frac{c_i}{(\text{TLV-TWA})_i}} \tag{4-7}$$

如果混合物中的毒物浓度之和超过了该值,那么员工就暴露过度了。

对于由有不同影响的毒物组成的混合物(如酸蒸气与石墨烟气的混合物),TLV 不可以相加。

【例 4-2】　空气中含有 5 $\text{mg} \cdot \text{m}^{-3}$ 的二乙胺(TLV-TWA 为 10 $\text{mg} \cdot \text{m}^{-3}$)、20 $\text{mg} \cdot \text{m}^{-3}$ 的环己醇(TLV-TWA 为 50 $\text{mg} \cdot \text{m}^{-3}$)和 10 $\text{mg} \cdot \text{m}^{-3}$ 的环氧丙烷(TLV-TWA 为 20 $\text{mg} \cdot \text{m}^{-3}$)。请问:其混合物的 TLV-TWA 是多少?该空气毒物浓度水平超过暴露限值了吗?

解:由式(4-7)得

$$(\text{TLV-TWA})_{\text{mix}} = \frac{5 + 20 + 10}{\frac{5}{10} + \frac{20}{50} + \frac{10}{20}} = 25 \text{ mg} \cdot \text{m}^{-3}$$

混合物的整体浓度为 $5 + 20 + 10 = 35 \text{ mg} \cdot \text{m}^{-3} > 25 \text{ mg} \cdot \text{m}^{-3}$,故员工们已经过度暴露在毒物环境中了。

另外一种方法是使用式(4-6),因为 $\frac{5}{10} + \frac{20}{50} + \frac{10}{20} = 1.4 > 1$,所以已经超过 TLV-TWA 了。

【例 4-3】　如果员工暴露于表 4-5 所示的甲苯蒸气中,请确定 8 h 的 TWA。已知甲苯的 TLV 为 100 mg·m^{-3}。

表4-5 不同浓度甲苯蒸气中员工的暴露时间

暴露持续时间/h	测量浓度/(mg·m^{-3})
2	110
2	330
4	90

解: 由式(4-5)得

$$\text{TWA} = \frac{c_1 t_1 + c_2 t_2 + c_3 t_3}{8} = \frac{110 \times 2 + 330 \times 2 + 90 \times 4}{8} = 155 \text{ mg·m}^{-3}$$

因为 TWA > TLV，所以员工过度暴露。需要采用其他的控制方法。根据暂时性和即刻性，所有工作在该环境中的员工均需要佩戴适当的呼吸器。

4.5.2 员工暴露于粉尘中的评价

工业卫生研究包括任何可能造成健康伤害的污染，粉尘当然属于这一范畴。毒物学理论认为对肺危害最大的粉尘颗粒通常是尺寸为 0.2~0.5 μm 的可吸入颗粒，尺寸大于 0.5 μm 的颗粒通常不能渗透进入肺中，而那些尺寸小于 0.2 μm 的颗粒下沉很缓慢，大部分都随空气被呼出了。

采集空气微粒的主要目的是估算吸入并沉淀在肺部的粉尘浓度。采样方法和对粉尘危害健康有关数据的解释比较复杂；当面临这类问题的时候，应该向该方面的技术专家——工业卫生工作者咨询。

混合粉尘的 TLV 可用式(4-7)计算，浓度单位用 mg·m^{-3}。

4.5.3 员工暴露于噪声中的评价

噪声是化工厂中常见的问题，这类问题也由工业卫生工作者进行评价。如果怀疑有噪声问题，那么工业卫生工作者就应该立即进行适当的噪声测量，并给出建议。

噪声等级以分贝来度量。分贝(dB)是相对的对数尺度，它被用来计量声音强度的相对大小。如果一种声音的强度为 I，另一种声音的强度为 I_0，那么强度等级的差别以分贝给出：

$$\text{噪声强度(dB)} = 10 \lg\left(\frac{I}{I_0}\right) \tag{4-8}$$

因此，一种强度是另一种声音强度的 10 倍的声音，其强度等级为 10 dB。

绝对声音强度等级(绝对分贝 dBA)通过建立参考强度来定义。为方便起见，听觉阈值设为 0 dBA。表4-6 列出了不同类型日常活动的声音强度等级。

表 4-6 不同类型日常活动的声音强度等级

声 源	声音强度等级/dBA	声 源	声音强度等级/dBA
铆接(使人厌烦的)	120	私人办公室	50
冲床	110	一般住处	40
路过的卡车	100	录音棚	30
工厂	90	耳语	20
吵闹的办公室	80	好听觉的最低极限	10
通常的讲话	60	极好的听觉的最低极限	0

对于单声源,允许的噪声暴露水平见表 4-7。

噪声的评价计算同蒸气的评价计算是相同的,只是用绝对声音强度等级和暴露时间分别代替了浓度,若给定了特定声音强度等级下的允许暴露时间和实际暴露时间,则允许暴露时间和实际暴露时间就分别相当于最大容许浓度和实际浓度。

表 4-7 允许的噪声暴露水平

声音强度等级/dBA	最长暴露时间/h	声音强度等级/dBA	最长暴露时间/h
90	8	102	1.5
92	6	105	1
95	4	110	0.5
97	3	115	0.25
100	2		

【例 4-4】 在没有任何额外控制措施的情况下,确定暴露在表 4-8 所示的噪声环境中是否允许。

表 4-8 不同噪声等级下的暴露时间

声音强度等级/dBA	持续时间/h	最长允许时间/h
85	3.6	没有限制
95	3	4
110	0.5	0.5

解:由式(4-6)得

$$\frac{3.6}{\text{没有限制}} + \frac{3}{4} + \frac{0.5}{0.5} = 1.75$$

计算结果大于 1,因此处于该环境中的员工需要立即佩戴听觉保护器具。

4.6 职业危害的控制

4.6.1 个人防护

个人防护即通过在工人和工作场所的环境之间设置屏障来阻止或减少暴露。这种屏障通常由员工佩戴防护用具来实现,因此命名为"个人防护"。在很多情况下,加强个人防护是预防人身伤亡事故及防止职业危害的重要环节。个人防护用品在预防职业危害的综合措施中属于第一级预防,是职业卫生安全工作中的一个重要组成部分。当技术措施尚不能消除生产过程中的危险和有害因素,达不到国家标准和有关规定时,或不能进行技术改造时,佩戴个人防护用品就成为既能完成生产任务又能保证劳动者的安全和健康的唯一手段。在生产中正确、合理地使用个人防护用品是一项重要的安全技术措施,必须引起高度重视。个人防护用品可依佩戴部位及潜在危害分类,如表4-9所示。

表4-9 人体各部位的个人防护用品

人体部位	主要潜在危害	个人防护用品
头	振荡、撞击	安全帽
面	飞屑物、灼伤、辐射	面罩
眼	飞屑物、灼伤、辐射	眼罩
手	刺伤、灼伤、腐蚀、触电	防护手套
脚	刺伤、压伤、灼伤、腐蚀、触电	安全鞋
身体躯干	寒冷、化学毒物、腐蚀、污染	防护衣
口鼻	危险化学物、气溶胶	呼吸防护用品
耳朵	噪声	听觉保护用品
整个身体	人体下坠	安全带及其他配件

4.6.2 环境控制

在搞好个人防护的同时,还要加强环境控制技术。环境控制是通过降低有毒物质在工作环境中的浓度来减少暴露。化工企业职业卫生危害常用的环境控制技术如表4-10所示。

表4-10 化工企业职业卫生危害常用的环境控制技术

类型及其解释	典型技术
密封： 将空间或设备封起来，并置于负压下	将危险性操作封装起来，例如采样点； 密封房间、下水道、通风装置和类似情况； 使用分析仪器和工具观察装置内部； 遮蔽高温表面； 气动输送粉末状物质
局部通风： 容纳并排出危险性物质	使用通风装置； 在采样点使用局部排气装置； 保持排气系统处于负压之下
稀释通风： 设计通风系统来控制低毒物质	设计通风良好的放置污染衣物的房间、专门的区域或密闭间； 设计通风装置，将操作区同居住区和办公区隔离； 设计具有定向通风装置的压滤机房
湿法： 采用湿法操作，使受粉尘污染的程度最小化	采用化学方法清洗容器； 采用喷水清洗； 经常打扫区域； 对于管沟及泵密封，采用水喷淋
良好的日常管理： 将有毒物和粉尘收容起来	在贮罐及泵的周围使用堤防； 为区域冲洗提供水和蒸汽管道； 提供冲洗线； 提供设计良好的带有紧急收容装置的下水道系统
个人防护： 最后一道防线	使用眼罩和面罩； 使用口罩、护肘和太空服； 佩戴适合的呼吸器，当氧气浓度低于19.5%时，需要佩戴飞机用呼吸器

思考题

1. 什么是职业卫生？
2. 职业危害因素分为哪几类？
3. 工业毒物以何种途径侵入人体？
4. 什么是工业毒物的最高容许浓度和阈限值？
5. 什么是职业病？我国规定的职业病有哪几大类？

5 化工单元操作安全技术

化工单元操作是指在化学工业生产中具有共同的物理变化特点的基本操作,是由各种化工生产操作概括得来的,基本包括五个过程:流体流动过程,包括流体输送、过滤、固体流态化等;传热过程,包括热传导、蒸发、冷凝等;传质过程,即物质的传递,包括气体吸收、蒸馏、萃取、吸附、干燥等;热力过程,即温度和压力变化的过程,包括液化、冷冻等;机械过程,包括固体输送、粉碎、筛分等。任何化学产品的生产都离不开化工单元操作,它在化工生产中的应用非常普遍。本章重点讨论常见化工单元操作的安全技术。

5.1 物料输送

在化工生产过程中,经常需将各种原料、材料、中间体、产品以及副产品和废弃物由前一个工序输往后一个工序,或由一个车间输往另一个车间或输往储运地点。这些输送过程在现代化工企业中是借助于各种输送机械设备实现的。由于所输送物料的形态不同,危险特性不同,采用的输送设备各异,因此,保证其安全运行的操作要点及注意事项也就不同。

5.1.1 固体物料的输送

固体物料的输送在实际生产中多采用皮带输送机、螺旋输送器、刮板输送机、链斗输送机、斗式提升机以及气力输送(风送)等。

1)输送设备的安全注意事项

皮带输送机、刮板输送机、链斗输送机、螺旋输送器、斗式提升机这类输送设备连续往返运转,可连续加料,连续卸载。其存在的危险性主要有设备本身发生故障以及由此造成的人身伤害。

(1)防止人身伤害事故

①在物料输送设备的日常维护中,润滑、加油和清扫工作是操作者遭受伤害的主要环节。在设备没有安装自动注油和清扫装置的情况下,一律要停车进行维护操作。

②要特别关注设备对操作者可能产生严重伤害的部位。例如:皮带同皮带轮接触的部位,齿轮与齿轮、齿条、链带相啮合的部位。严禁随意拆卸这些部位的防护装置,避免重大人身伤亡事故。

③注意链斗输送机下料器的摇把反转伤人。

④不得随意拆卸设备突起部位的防护罩,避免设备高速运转时突起部分将人刮倒。

(2)防止设备事故

①防止高温物料烧坏皮带,或斜偏刮挡撕裂皮带事故的发生。

②严密注意齿轮负荷的均匀,物料的粒度以及混入其中的杂物。防止因为齿轮卡料,拉断链条、链板,甚至拉毁整个输送设备的机架。

③防止链斗输送机下料器下料过多,料面过高,造成链带被拉断。

2)气力输送系统的安全注意事项

气力输送即风力输送,它主要凭借真空泵或风机产生的气流动力以实现物料输送,常用于粉状物料的输送。气力输送系统除设备本身因故障损坏外,最大的安全问题是系统堵塞和自由静电引起的粉尘爆炸。

(1)避免管道堵塞引起爆炸

①具有黏性或湿度过高的物料较易在供料处及转弯处黏附在管壁上,最终造成堵塞。悬浮速度高的物料比悬浮速度低的物料易沉淀堵塞。

②管道连接不同心、连接偏差或焊渣突起等易造成堵塞。

③大管径长距离输送管比小管径短距离输送管更易发生堵塞。

④输料管的管径突然扩大,在输送状态下突然停车易造成堵塞。

⑤最易堵塞的是弯管和供料附近的加速段,水平向垂直过渡的弯管部位。

(2)防止静电引起燃烧

在气力输送系统中因粉料与管壁摩擦而使系统产生静电是导致粉尘爆炸的重要原因之一,因此,必须采取下列措施加以消除。

①粉料输送应选用导电性材料制造管道,并应良好接地。如采用绝缘材料管道且能防静电,管外采取接地措施。

②应对粉料的粒度、形状与管道直径大小,物料与管道材料进行匹配,优选产生静电小的配置。

③输送管道直径要尽量大些,力求使管路的弯曲和管道的变径缓慢。管内应平滑,不要装设网格之类的部件。

④输送速度不应超过规定风速,输送量不应有急剧的变化。

⑤粉料不要堆积在管内,要定期使用空气或惰性气体进行管壁清扫。

5.1.2 液体物料的输送

在化工生产中,经常遇到液体物料在管道内的输送。高处的物料可借其位能自动输往低处。将液体物料由低处向高处输送、由一水平处往另一水平处输送、由低压处往高压处输送以及为了保证克服阻力时,都要依靠泵这种设备来完成。充分认识被输送的液体物料的易燃性,正确选用和操作泵,对化工安全生产十分重要。

化工生产中被输送的液体物料种类繁多,性质各异,温度、压力又有高低之分,因此,所用泵的种类也较多。通常可分为离心泵、往复泵、旋转泵(齿轮泵、螺杆泵)、流体作用泵等四类。尽管液体物料输送机械(即泵)多种多样,但都必须满足四个基本要求:①满足生产工艺对流量和能量的需要;②满足被输送液体性质的要求;③结构简单,价格低廉,质量小;④运行可靠,维护方便,效率高,操作费用低。选用时应综合考虑,全面衡量,其中最重要的是满足流量与能量的要求。

泵的能力和特性参数不仅是考虑液体物料输送的设计依据,而且是许多液体物料泄漏事故、冒顶事故、错流或错配事故技术分析和鉴定的依据。离心泵是依靠高速旋转的叶轮所产生的离心力对流体做功的流体输送机械。由于它具有结构简单、操作方便、性能适应范围广、体积小、流量均匀、故障少、寿命长等优点,因此,其在化工生产中应用最普遍。化工生产中使用的泵大约有80%为离心泵。

1) 离心泵的安全要点

离心泵的工作原理:在离心泵启动前,先灌满被输送的液体物料,当离心泵启动后,泵轴带动叶轮高速旋转,受叶轮上叶片的约束,泵内的液体与叶轮一起旋转,在离心力的作用下,液体从叶轮中心向叶轮外缘运动,叶轮中心(吸入口)处因液体空出而呈负压状态,这样,在吸入管的两端就形成了一定的压力差,即吸入液面压力与泵吸入口压力之差,只要这一压差足够大,液体就会被吸入泵体内,这就是离心泵的吸液原理;另一方面,被叶轮甩出的液体在从中心向外缘运动的过程中,动能与静压能均增大了,液体进入泵壳后,由于泵壳内蜗形通道的面积是逐渐增大的,液体的动能将减小,静压能将增大,到达泵出口处时压力达到最大,于是液体被压出离心泵,这就是离心泵的排液原理。

如果在启动离心泵前,泵体内没有充满液体,由于气体密度比液体密度小得多,产生的离心力很小,从而不能在吸入口形成必要的真空度,在吸入管两端不能形成足够大的压力差,就不能完成离心泵的吸液。这种因为泵体内充满气体(通常为空气)而造成离心泵不能吸液(空转)的现象称为气缚现象。

在化工生产应用中,离心泵的安全要点主要有以下方面。

(1) 避免物料泄漏引发事故

①保证泵的安装基础坚固,避免因运转时产生机械振动造成法兰连接处松动和管路焊接处破裂,从而引起物料泄漏。

②操作前及时压紧填料函(松紧适度),以防物料泄漏。

(2) 避免空气吸入导致爆炸

①开动离心泵前,必须向泵壳灌充满被输送的液体,保证泵壳和吸入管内无空气积存,同时避免气缚现象。

②吸入口的位置应适当,避免空气进入系统导致爆炸或抽瘪设备。一般情况下泵入口设在容器底部或液体深处。

(3) 防止静电引起燃烧

①在输送可燃液体时,管内流速不应大于安全流速。

②管道应有可靠的接地设施。

(4) 避免轴承过热引起燃烧

①填料函的松紧应适度,不能过紧,以免轴承过热。

②保证运行系统有良好的润滑。
③避免泵超负荷运行。

(5) 防止绞伤

由于电机的高速运转,泵和电机的联轴节处容易发生对人员的绞伤。因此,联轴节处应安装防护罩。

2) 往复泵、旋转泵的安全要点

往复泵是一种容积式泵,是通过容积的改变来对液体做功的机械。往复泵主要由泵缸、活塞(或柱塞)、活塞杆、吸入阀、排出阀和若干单向阀等部分构成。活塞自左向右移动时,泵缸内形成负压,贮槽内的液体经吸入阀进入泵缸内。当活塞自右向左移动时,缸内的液体受挤压,压力增大,由排出阀排出。活塞往复一次,各吸入和排出液体一次,称为一个工作循环,这种泵称为单动泵。若活塞往返一次,各吸入和排出液体两次,称为双动泵。活塞由一端移至另一端,称为一个冲程。

旋转泵是依靠转子转动造成工作室容积改变来对液体做功的机械,具有正位移特性。其特点是:流量不随扬程而变,有自吸力,不需要灌泵,采用旁路调节器,流量小,比往复泵均匀,扬程高,但受转动部件严密性的限制,扬程不如往复泵。常用的旋转泵主要有齿轮泵和螺杆泵。齿轮泵是通过两个相互啮合的齿轮的转动对液体做功的,一个为主动轮,一个为从动轮。齿轮将泵壳与齿轮间的空隙分为两个工作室,其中一个因为齿轮打开而呈负压,其与吸入管相连,完成吸液,另一个则因为齿轮啮合而呈正压,其与排出口相连,完成排液。齿轮泵的流量小,扬程高,流量比往复泵均匀。螺杆泵是由一根或多根螺杆构成的。以双螺杆泵为例,它是通过两个相互啮合的螺杆来对液体做功,其原理、性能均与齿轮泵相似,具有流量小、扬程高、效率高、运转平稳、噪声低等特点。

往复泵和旋转泵(齿轮泵、螺杆泵)用于流量不大、扬程较高,或对扬程要求变化较大的场合,旋转泵一般用于输送油类等高黏度的液体,不宜输送含有固体杂质的悬浮液。

往复泵和旋转泵均属于正位移泵,开车时必须将出口阀门打开,严禁采用关闭出口管路阀门的方法进行流量调节。否则,将使泵内压力急剧升高,引发爆炸事故。一般采用安装回流支路的方式进行流量调节。

3) 流体作用泵的安全要点

流体作用泵是依靠压缩气体的压力或运动着的流体本身进行流体的输送,如常见的酸蛋、空气升液器、喷射泵。这类泵无活动部件且结构简单,在化工生产中有着特殊的用途,常用于输送腐蚀性流体。

酸蛋、空气升液器等是以空气为动力的设备,必须有足够的耐压强度,必须有良好的接地装置。输送易燃液体时,不能采用压缩空气压送,要用氮气、二氧化碳等惰性气体代替空气,以防止空气与易燃液体的蒸气形成爆炸性混合物,遇点火源造成爆炸事故。

5.1.3 气体物料的输送

1) 气体输送设备的分类

气体输送设备在化工生产中主要用于输送气体、产生高压气体或使设备产生真空。由于各种过程对气体压力变化的要求很不一致,因此,气体输送设备可按其终压或压缩比(出口压力与进口压力之比)的大小分为四类,如表5-1所示。

表5-1 气体输送设备的分类

设备名称	终压(表压)	压缩比	用途
通风机	≤14.7 kPa	1~1.15	用于换气通风
鼓风机	>14.7~300 kPa	≤4	用于送气
压缩机	>300 kPa	>4	造成高压
真空泵	大气压	取决于所造成的真空度,一般较大	造成真空

目前,工业生产中的气体输送机械有:往复式压缩机与真空泵;离心式通风机、鼓风机与压缩机;液环式真空泵、旋片式真空泵、喷射式真空泵;罗茨鼓风机等多种形式。其中以往复式和离心式气体输送机械应用最广。过去主要靠往复式压缩机产生高压,由于离心式压缩技术逐渐成熟,离心式压缩机的应用越来越广泛,而且,由于离心式压缩机在操作上具有优势,大有取代往复式压缩机的趋势。

2) 气体物料输送的安全要点

气体与液体的不同之处是具有可压缩性,因此在其输送过程中,当气体压强发生变化时,体积和温度也随之变化。对气体物料输送必须特别重视在操作条件下气体的燃烧爆炸危险。

(1) 通风机和鼓风机

通风机是依靠输入的机械能提高气体压力并排送气体的机械。它是一种从动的流体机械。按气体流动的方向,通风机可分为离心式、轴流式、斜流式和横流式等类型。

离心式通风机主要由叶轮和机壳组成,小型通风机的叶轮直接装在电动机上,中、大型通风机通过联轴器或皮带轮与电动机连接。离心式通风机一般为单侧进气,用单级叶轮;流量大的可双侧进气,用两个背靠背的叶轮,称为双吸式离心通风机。叶轮是通风机的主要部件,它的几何形状、尺寸、叶片数目和制造精度对性能有很大影响。叶轮经静平衡或动平衡校正才能保证通风机平稳地转动。按叶片出口方向的不同,叶轮分为前向、径向和后向三种形式。前向叶轮的叶片顶部向叶轮旋转方向倾斜;径向叶轮的叶片顶部是向径向的,又分为直叶片和曲线形叶片;后向叶轮的叶片顶部向叶轮旋转的反向倾斜。前向叶轮产生的压力最大,在流量和转数一定时,所需叶轮直径最小,但效率一般较低;后向叶轮相反,所产生的压力最小,所需叶轮直径最大,而效率一般较高;径向叶轮介于两者之间。叶片的形状以直叶片最简单,机翼形叶片最复杂。为了使叶片表面有合适的速度分布,一般采用曲线形叶片,如等厚度圆弧叶片。叶轮通常都有盖盘,以增加叶轮的强度和减少叶片与机壳间的气体泄漏。叶片与盖盘的连接采用焊接或铆接。焊接叶轮的重量较轻,流道光滑。低、中压小型离心式通风机的叶轮也有采用铝合金铸造的。

轴流式通风机工作时,动力机驱动叶轮在圆筒形机壳内旋转,气体从集流器进入,通过叶轮获得能量,提高压力和速度,然后沿轴向排出。轴流式通风机的布置形式有立式、卧式和倾斜式三种,小型的叶轮直径只有 100 mm 左右,大型的可达 20 m 以上。小型低压轴流式通风机由叶轮、机壳和集流器等部件组成,通常安装在建筑物的墙壁或天花板上;大型高压轴流式通风机由集流器、叶轮、流线体、机壳、扩散筒和传动部件组成。叶片均匀布置在轮毂上,数目一般为 2~24。叶片越多,风压越高;叶片安装角一般为 10°~45°,安装角越大,风量和风压越大。轴流式通风机的主要零件大都用钢板焊接或铆接而成。

斜流式通风机又称混流通风机,在这类通风机中,气体以与轴线成某一角度的方向进入叶轮,在叶道中获得能量,并沿倾斜方向流出。通风机的叶轮和机壳的形状为圆锥形。这种通风机兼有离心式和轴流式的特点,流量范围和效率均介于两者之间。

横流式通风机是具有前向多翼叶轮的小型高压离心式通风机。气体从转子外缘的一侧进入叶轮,然后穿过叶轮内部从另一侧排出,气体在叶轮内两次受到叶片的力的作用。在相同性能的条件下,它的尺寸小、转速低。

离心式鼓风机的工作原理与离心式通风机相似,只是空气的压缩过程通常是经过几个工作叶轮(或称几级)在离心力的作用下进行的。鼓风机有一个高速转动的转子,转子上的叶片带动空气高速运动,离心力使空气在渐开线形状的机壳内沿着渐开线流向风机出口,高速的气流具有一定的风压。新空气由机壳的中心进入补充。

单级高速离心式鼓风机的工作原理是:原动机通过轴驱动叶轮高速旋转,气流由进口轴向进入高速旋转的叶轮后变成径向流动被加速,然后进入扩压腔,改变流动方向而减速,这种减速作用将高速旋转的气流具有的动能转化为压能(势能),使风机出口保持稳定的压力。

在使用通风机或鼓风机的过程中,应注意以下安全要点:

①保持通风机和鼓风机转动部件的防护罩完好,避免人身伤害事故;

②必要时安装消音装置,避免通风机和鼓风机对人体的噪声伤害。

(2)往复式压缩机

往复式压缩机的构造与往复泵相似,主要由汽缸、活塞、活门构成,也是通过往复运动的活塞对气体做功,但是其工作过程与往复泵不同,这种不同是由于气体的可压缩性造成的。往复式压缩机的工作过程分为以下四个阶段。

①膨胀阶段。当活塞运动造成工作室的容积增大时,残留在工作室内的高压气体将膨胀,但吸入口活门还不会打开,只有当工作室内的压力降低至等于或略小于吸入管路的压力时,活门才会打开。

②吸气阶段。吸入口活门在压力的作用下打开,活塞继续运行,工作室的容积继续增大,气体不断被吸入。

③压缩阶段。活塞反向运行,工作室的容积减小。工作室内的压力增大,但排出口活门仍打不开,气体被压缩。

④排气阶段。当工作室内的压力等于或略大于排出管的压力时,排出口活门打开,气体被排出。

在化工生产中,对于压缩机的使用要注意以下安全要点,以确保压缩机能正常安全地运行。

①保证散热良好。压缩机在运行中不能中断润滑油和冷却水,否则,将导致高温,引发事故。

②严防泄漏。气体在高压条件下极易发生泄漏,应经常检查阀门、设备和管道的法兰、焊接处和密封等部位,发现问题应及时修理和更换。

③严禁空气与易燃性气体在压缩机内形成爆炸性混合物。必须在彻底置换压缩机系统中的空气后才能启动压缩机。在压送易燃气体时,进气口应该保持一定的余压,以免造成负压,吸入空气。

④防止静电。管内易燃气体流速不能过高,管道应良好接地,以防止产生静电,引起事故。

⑤预防禁忌物的接触。严禁油类与氧压机的接触,一般采用含甘油10%左右的蒸馏水做润滑剂。严禁乙炔与压缩机铜制部件的接触。

⑥避免操作失误。经常检查压缩机调节系统的仪表,避免因仪表失灵发生错误判断,操作失误引起压力过高,进而发生燃烧爆炸事故。避免因操作失误使冷却水进入汽缸,发生水锤,引发事故。

(3) 真空泵

真空泵的安全运行应注意以下两点。

①严格密封。输送易燃气体时,确保设备密封,防止因负压吸入空气,引发爆炸事故。

②输送易燃气体时,尽可能采用液环式真空泵。

5.2 熔融和干燥

5.2.1 熔融

1) 熔融操作概述

熔融是指当温度升高时,分子的热运动动能增大,导致结晶被破坏,物质由晶相变为液相的过程。在化工生产中熔融主要是指通过加热使固态物料熔化为液态的操作。如将氢氧化钠、氢氧化钾、萘、磺酸钠等熔融之后进行化学反应,将沥青、石蜡和松香等熔融之后便于使用和加工。熔融温度一般为150～350℃,可采用烟道气、油浴或金属浴加热。

2)熔融的安全要点

从安全技术的角度出发,熔融的主要危险取决于被熔物料的危险性、熔融时的黏稠程度、中间副产物的生成、熔融设备、加热方式等方面。因此,操作时应从以下方面考虑其安全问题。

①避免物料熔融时对人体的伤害。被熔融固体物料固有的危险性对操作者的安全有很大的影响。例如,碱熔过程中的碱既可使蛋白质变成胶状碱性蛋白化合物,又可使脂肪变为胶状皂化物质。所以,碱比酸具有更强的渗透能力,且深入组织较快。因此,碱灼伤比酸灼伤更为严重。在固体碱的熔融过程中,碱液飞溅至眼部危险性极大,不仅会使眼角膜和结膜立即坏死糜烂,还会向深部渗入,损坏眼球内部,致使视力严重减退、失眠或眼球萎缩。

②注意熔融物中杂质的危害。熔融物中的杂质量对安全操作是十分重要的。在碱熔过程中,碱和磺酸盐的纯度是影响该过程安全的最重要的因素之一。碱和磺酸盐中若含有无机盐杂质,应尽量除去,否则其不熔融,呈块状残留于熔融物内。块状杂质的存在妨碍熔融物的混合,并使其局部过热、烧焦,致使熔融物喷出烧伤操作人员。因此,必须经常清除锅垢。如沥青、石蜡等可燃物中含水,熔融时极易形成喷油而引发火灾。

③降低物质的黏稠程度。熔融设备中物质的黏稠程度与熔融的安全操作有密切的关系。熔融时黏度大的物料极易黏结在锅底,当温度升高时易结焦,产生局部过热,引发着火或爆炸。为使熔融物具有较大的流动性,可用水将碱适当稀释。当氢氧化钠或氢氧化钾中有水存在时,其熔点会显著降低,从而使熔融过程可以在危险性较小的低温下进行。如用煤油稀释沥青时,必须注意在煤油的自燃点以下进行操作,以免发生火灾。

④防止溢料事故。进行熔融操作时,加料量应适宜,盛装量一般不超过设备容量的三分之二,并在熔融设备的台子上设置防溢装置,防止物料溢出与明火接触发生火灾。

⑤选择适宜的加热方式和加热温度。熔融过程一般在150～350℃下进行,通常采用烟道气加热,也可采用油浴或金属浴加热。加热温度必须控制在被熔融物料的自燃点以下,同时应避免所用燃料泄漏引起爆炸或中毒事故。

⑥熔融设备。熔融设备分为常压设备和加压设备两种。常压设备一般采用铸铁锅,加压设备一般采用钢制设备。对于加压熔融设备,应安装压力表、安全阀等必要的安全设施及附件。

⑦熔融过程的搅拌。熔融过程中必须不间断地搅拌,使其受热均匀,以免局部过热、烧焦,导致熔融物喷出,造成烧伤。对于液体熔融物可采用桨式搅拌;对于非常黏稠的糊状熔融物则采用锚式搅拌。

5.2.2 干燥

1)干燥的操作概述

化工生产中的固体物料总是或多或少含有湿分(水或其他液体),为了便于加工、使用、运输和贮藏,往往需要将其中的湿分除去。除去湿分的方法有多种,如机械去湿、吸附去湿、供热去湿,其中用加热的方法使固体物料中的湿分汽化并除去的方法称为干燥,干燥能将湿分去除得比较彻底。

干燥在化工、轻工、食品、医药等工业中的应用非常广泛,其在生产过程中的作用主要有以下两个方面。

①对原料或中间产品进行干燥,以满足工艺要求。如以湿矿(即尾砂)生产硫酸时,为满足反应要求,先要对尾砂进行干燥,尽可能除去其水分;再如涤纶切片的干燥是为了防止后期纺丝出现气泡而影响丝的质量。

②对产品进行干燥,以提高产品中有效成分的含量,同时满足运输、贮藏和使用的需要。如化工生产中的聚氯乙烯、碳酸氢铵、尿素,食品加工中的奶粉、饼干,药品制造中的很多药剂,生产的最后一道工序都是干燥。

按热量供给湿物料的方式,干燥可分为以下几种。

①传导干燥。传导干燥的特点是湿物料与加热介质不直接接触,热量以传导方式通过固体壁面传给湿物料。此法热能利用率高,但物料温度不易控制,容易过热变质。

②对流干燥。对流干燥的特点是热量通过干燥介质(某种热气流)以对流方式传给湿物料。在干燥过程中,干燥介质与湿物料直接接触,干燥介质供给湿物料汽化所需要的热量,并带走汽化后的湿分蒸气。所以,干燥介质在干燥过程中既是载热体又是载湿体。在对流干燥中,干燥介质的温度容易调控,被干燥的物料不易过热,但干燥介质离开干燥设备时还带有相当一部分热能,所以,对流干燥的热能利用率较低。

③辐射干燥。辐射干燥的特点是热能以电磁波的形式由辐射器发射至湿物料表面,被湿物料吸收后再转变为热能将湿物料中的湿分汽化并除去,如红外线干燥器。辐射干燥生产强度大,产品洁净且干燥均匀,但能耗高。

④介电加热干燥。介电加热干燥是将湿物料置于高频电场内,在高频电场的作用下,物料内部分子因振动而发热,从而达到干燥的目的。电场频率为 300 MHz 以下的称为高频加热;频率为 $300 \sim 300 \times 10^5$ MHz 的称为微波加热。

在上述四种干燥方法中,以对流干燥在工业生产中应用最广泛。在对流干燥过程中,最常见的干燥介质是空气,湿物料中的湿分大多为水。

干燥按操作压力可分为常压干燥和真空干燥;按操作方式可分为连续干燥和间歇干燥。其中真空干燥主要用于处理热敏性、易氧化或要求干燥产品中湿分含量很低的物料;间歇干燥用于小批量、多品种或要求干燥时间很长的场合。

2)对流干燥过程

(1)对流干燥原理分析

图 5-1 所示为用热空气除去湿物料中水分的干燥过程。它表达了对流干燥过程中干燥介质与湿物料之间传热与传质的一般规律。在对流干燥过程中,温度较高的热空气将热量传至湿物料表面,大部分在此供水分汽化,还有一部分由物料表面传至物料内部,这是一个热量传递过程;与此同时,由于物料表面的水分受热汽化,使得水在物料内部与表

面之间出现了浓度差,在此浓度差作用下,水分从物料内部扩散至表面并汽化,汽化后的蒸汽再通过湿物料与空气之间的气膜扩散到空气主体内,这是一个质量传递过程。由此可见,对流干燥过程是一个传热和传质同时进行的过程,两者传递方向相反,相互制约,相互影响。因此,干燥过程进行得快慢与好坏,与湿物料和热空气之间的传热、传质速率有关。

(2)对流干燥的条件

要使上述干燥过程得以进行,必要条件是:物料表面的水汽分压必须大于空气中的水汽分压(注意:空气中总是或多或少含有水汽,因此,在干燥中往往将空气称为湿空气)。要保证此条件,在生产过程中需要不断地提供热量使湿物料表面的水分汽化,同时将汽化后的水汽移走,这一任务由湿空气承担。所以,如前所述,湿空气既是载热体又是载湿体。

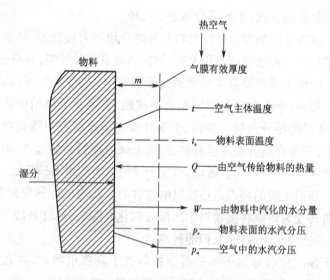

图 5-1 热空气与湿物料之间的传热和传质

(3)对流干燥流程

图 5-2 所示为对流干燥流程,空气被预热器加热至一定温度后进入干燥器,与进入干燥器的湿物料相接触,空气将热量以对流传热的方式传给湿物料,湿物料表面的水分被加热汽化成蒸汽,然后扩散进入空气,最后从干燥器的另一端排出。空气与湿物料在干燥器内的接触可以是并流、逆流或其他方式。

3)工业上常用的干燥设备

(1)厢式干燥器

厢式干燥器主要由外壁为砖坯或包以绝热材料的钢板所构成的厢形干燥室和放在小车支架上的物料盘等组成。厢式干燥器为间歇式干燥设备。

厢式干燥器结构简单,适应性强,可用于干燥小批量的粒状、片状、膏状、不允许粉碎的和较贵重的物料。干燥程度可以通过改变干燥时间和干燥介质的状态来调节。厢式

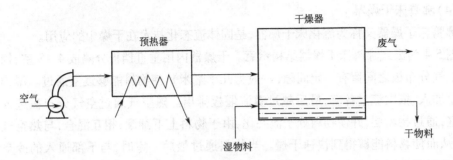

图 5-2 对流干燥流程

干燥器具有物料不能翻动、干燥不均匀、装卸劳动强度大、操作条件差等缺点。厢式干燥器主要用于实验室和小规模生产。

(2) 转筒干燥器

转筒干燥器的主体是一个与水平面稍成倾角的钢制圆筒。转筒外壁装有两个滚圈，整个转筒的重量通过这两个滚圈由托轮支撑。转筒由腰齿轮带动缓缓转动，转速一般为 $1\sim8\ r\cdot min^{-1}$。转筒干燥器是一种连续式干燥设备。

湿物料由转筒较高的一端加入，随着转筒的转动，不断被其中的抄板抄起并均匀地洒下，以便湿物料与干燥介质能够均匀地接触，同时物料在重力作用下不断地向出口端移动。干燥介质由出口端进入（也可以从物料进口端进入），与物料呈逆流接触，废气从进料端排出。

转筒干燥器的生产能力大，气体阻力小，操作方便，操作弹性大，可用于干燥粒状和块状物料。其缺点是钢材耗用量大，设备笨重，基建费用高。转筒干燥器主要用于干燥硫酸铵、硝酸铵、复合肥以及碳酸钙等物料。

(3) 气流干燥器

其结构如图 5-3 所示。气流干燥器是利用高速流动的热空气使物料悬浮于空气中，在气力输送状态下完成干燥过程的。操作时，热空气由风机送入气流管下部，以 $20\sim40\ m\cdot s^{-1}$ 的速度向上流动，湿物料由加料器加入，悬浮在高速气流中，并与热空气一起向上流动，由于物料与空气的接触非常充分，且两者都处于运动状态，因此，气固之间的传热和传质系数都很大，使物料中的水分很快被除去。被干燥后的物料和废气一起进入气流管出口处的旋风分离器，废气由分离器的升气管上部排出，干燥产品则由分离器的下部引出。

气流干燥器是一种干燥速率很高的干燥器，具有结构简单、造价低、占地面积小、干燥时间短（通常为 $5\sim10\ s$）、操作稳定、便于实现自动化控制等优点。由于其干燥速度快，干燥时间短，因此对某些热敏性物料在较高温度下干燥也不会变质。其缺点是气流阻力大，动力消耗多，设备太高（气流管通常在 10 m 以上），产品易磨碎，旋风分离器负荷大。气流干燥器广泛用于化肥、塑料、制药、食品和燃料等工业部门，干燥粒径在 10 mm 以下、含水分较多的物料。

(4) 沸腾床干燥器

沸腾床干燥器又称为流化床干燥器,是固体流态化技术在干燥中的应用。

图5-4为卧式沸腾床干燥器结构示意。干燥器内用垂直挡板分隔成4～8室,挡板与水平空气分布板之间留有一定间隙(一般为几十毫米),使物料能够逐室通过。湿物料由第一室加入,依次流过各室,最后越过溢流堰板排出。热空气通过空气分布板进入前面几个室,通过物料层,并使物料处于流态化,由于物料上下翻滚,相互混合,与热空气接触充分,从而使物料能够得到快速干燥。当物料通过最后一室时,与下部通入的冷空气接触,产品得到迅速冷却,以便包装、储藏。

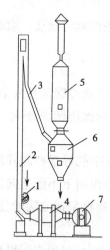

图5-3 气流干燥器

1—加料器;2—气流管;3—物料下降管;4—空气预热器;5—袋滤器;6—旋风分离器;7—风机

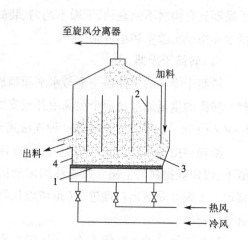

图5-4 沸腾床干燥器

1—空气分布板;2—挡板;3—物料通道(间隙);4—溢流堰板

沸腾床干燥器结构简单,造价和维修费用较低;物料在干燥器内的停留时间的长短可以调节;气固接触好,干燥速度快,热能利用率高,能得到较低的最终含水量;空气的流速较小,物料与设备的磨损较轻,压降较小。其多用于干燥粒径在 0.003～6 mm 的物料。由于沸腾床干燥器优点较多,适应性较强,在生产中得到广泛应用。

(5) 喷雾干燥器

喷雾干燥器是直接将溶液、悬浮液、浆状物料或熔融液干燥成固体产品的一种干燥设备。它将物料喷成细微的雾滴分散在热气流中,使水分迅速汽化而达到干燥的目的。

喷雾干燥器的优点是:干燥过程进行得很快,一般只需3～5 s,适用于热敏性物料;可以从料浆中直接得到粉末产品;能够避免粉尘飞扬,改善了劳动条件;操作稳定,便于实现连续化和自动化生产。其缺点是:设备庞大,能量消耗大,热效率较低。喷雾干燥器常用于牛奶、蛋品、血浆、洗涤剂、抗生素、染料等的干燥。

4) 干燥的安全要点

在化学工业中,干燥常指借热能使物料中的水分(或溶剂)从固体内部扩散到表面再从固体表面汽化的过程。干燥可分为自然干燥和人工干燥两种，有真空干燥、冷冻干燥、气流干燥、微波干燥、红外线干燥和高频率干燥等方法。干燥过程的主要危险有因为干燥温度、时间控制不当造成的物料分解爆炸以及操作过程中散发出来的易燃易爆气体或粉尘与点火源接触而产生的燃烧爆炸等。干燥过程的安全措施是指确保干燥设备、干燥介质、加热系统等安全运行，防止火灾、爆炸、中毒事故发生的措施。因此，干燥过程的安全技术主要在于，干燥装置在运行中应该严格控制各种物料的干燥温度、时间及点火源。

①干燥易燃易爆物料时，干燥介质不能选用空气或烟道气。另外，采用真空干燥比较安全，因为在真空条件下易燃液体蒸发速度快，干燥温度可适当控制低一些，防止由于高温引起物料局部过热和分解，大大降低火灾、爆炸危险性。注意真空干燥后清除真空时，一定要使温度降低后方可放入空气。否则，空气过早放入会引起干燥物着火甚至爆炸。

②对易燃易爆物质采用流速较大的热空气干燥时，排气用的设备和电动机应采用防爆的。在用电烘箱烘烤能够蒸发出易燃蒸气的物质时，电炉丝应完全封闭，箱上应加防爆门。

③易燃易爆及热敏性物料的干燥要严格控制干燥温度及时间，保证温度计、温度自动调节装置、超温超时自动报警装置以及防爆泄压装置的灵敏运转。

④正压操作的干燥器应密闭良好，防止可燃气体及粉尘泄漏至作业环境中，并要定期清理墙壁积灰。干燥室内不得存放易燃物，干燥室与生产车间应用防火墙隔绝，并安装良好的通风设备，电气设备开关应安装在室外，在干燥室或干燥箱内操作时，应防止可燃的干燥物直接接触热源，以免引起燃烧。

⑤干燥物料中若含有自燃点很低的物质和其他有害杂质，必须在干燥前彻底清除。

⑥在操作洞道式、滚筒式干燥器时，须防止机械伤害，应设有联系信号及各种防护装置。

⑦在气流干燥中，应严格控制干燥气流速度，并将设备接地，避免物料迅速运动相互激烈碰撞、摩擦产生静电。

⑧滚筒干燥应适当调整刮刀与筒壁的间隙，将刮刀牢牢固定。尽量采用有色金属材料制造的刮刀，以防止刮刀与滚筒壁摩擦产生火花。利用烟道气直接加热可燃物时，应在滚筒或干燥器上安装防爆片，以防烟道气混入一氧化碳而引起爆炸。同时注意加料不能中断，滚筒不能中途停止回转，如发生上述情况应立即封闭烟道的入口，并灌入氮气。

5.3 蒸发和蒸馏

5.3.1 蒸发

蒸发是指借加热作用使溶液中所含的溶剂不断汽化，不断被除去，以提高溶液中溶质的浓度，或使溶质析出，即使挥发性溶剂与不挥发性溶质分离的物理过程。

1) 蒸发过程及其影响因素

在化工、医药和食品加工等工业生产中,常常需要将溶有固体溶质的稀溶液加以浓缩,以得到高浓度溶液或析出固体产品,此时应采用蒸发操作。

例如:在化工生产中,用电解法制得的烧碱(NaOH 溶液)中 NaOH 的质量分数一般在 10% 左右,要得到 42% 左右的符合工艺要求的浓碱溶液则需要采用蒸发操作。由于稀碱液中的溶质 NaOH 不具有挥发性,而溶剂水具有挥发性,因此生产上可将稀碱液加热至沸腾状态,使其中大量的水分发生汽化并除去,这样原碱液中的溶质 NaOH 的浓度就得到了提高。又如:食品工业中利用蒸发操作将一些果汁加热,使一部分水分汽化并除去,以得到浓缩的果汁。

蒸发按其采用的压力可以分为常压蒸发、加压蒸发和减压蒸发(也称真空蒸发)。按其蒸发所需热量的利用次数可分为单效蒸发和多效蒸发。蒸发设备即蒸发器,主要由加热室和蒸发室两部分组成。常见蒸发器的种类有循环型和单程型两种。循环型蒸发器由于其结构差异使循环的速度不同,有很多种形式,其共同的特点是使溶液在其中作循环运动,物料在加热室内的滞料量大,高温下停留的时间较长,不宜处理热敏性物料。单程型蒸发器又称膜式蒸发器,按溶液在其中的流动方向和成膜原因不同分为不同的形式,其共同的特点是溶液只通过加热室一次即可达到所需的蒸发浓度,特别宜于处理热敏性物料。

除此之外,蒸发操作还常常用来先将原料液中的溶剂汽化,然后加以冷却以得到固体产品,如食糖的生产、医药工业中固体药物的生产等都属此类。

在工业生产中应用的蒸发操作有如下特点。

①蒸发的目的是使溶剂汽化,因此被蒸发的溶液应由具有挥发性的溶剂和不具有挥发性的溶质组成,这一点与蒸馏操作是不同的。

②溶剂的汽化可在低于沸点和等于沸点时进行。在低于沸点时进行,称为自然蒸发。如海水制盐用太阳晒,此时溶剂的汽化只能在溶液的表面进行,蒸发速度缓慢,生产效率较低,故该法在其他工业生产中较少采用。若溶剂的汽化在沸点温度下进行,则称为沸腾蒸发,溶剂不仅在溶液的表面汽化,而且在溶液内部的各个部分同时汽化,蒸发速率大大提高。

③蒸发操作是一个传热和传质同时进行的过程,蒸发的速率取决于过程中较慢的那一步过程的速率,即热量传递速率,因此工程上通常把它归类为传热过程。

④由于溶液中溶质的存在,在溶剂汽化过程中溶质易在加热表面析出而形成污垢,影响传热效果。当该溶质为热敏性物质时,还有可能分解变质。

⑤蒸发操作需在蒸发器中进行。沸腾时,由于液沫夹带可能造成物料的损失,因此蒸发器在结构上与一般的加热器是不同的。

⑥蒸发操作中要将大量溶剂汽化,需要消耗大量的热能,因此,蒸发操作的节能问题比一般的传热过程更突出。由于目前工业上常用水蒸气作为加热热源,而被蒸发的物料大多为水溶液,汽化出来的蒸气仍然是水蒸气,为加以区别,将用来加热的蒸汽称为生蒸

汽,将从蒸发器中蒸发出的蒸汽称为二次蒸汽。充分利用二次蒸汽是蒸发操作中节能的主要途径。如果将二次蒸汽引至另一蒸发器作为加热蒸汽用,则称为多效蒸发;如果二次蒸汽不再利用,而是冷凝后直接放掉,则称为单效蒸发。

影响蒸发过程的因素主要有以下几个。

①温度。温度越高,蒸发越快。无论在什么温度下,液体中总有一些速度很快的分子能够飞出液面而成为气体分子,因此液体在任何温度下都能蒸发。如果液体的温度升高,分子的平均动能增大,从液面飞出去的分子数量就会增多,所以液体的温度越高,蒸发得就越快。

②液面面积。如果液体表面面积增大,处于液体表面附近的分子数目就会增加,因而在相同的时间里,从液面飞出的分子数就增多,所以液面面积增大,蒸发就加快。

③空气流动。飞入空气里的气体分子和空气分子或其他气体分子发生碰撞时,有可能被碰回到液体中来。如果液面空气流动快,通风好,分子重新返回液体的机会就小,蒸发就就快。

其他条件相同的不同液体,蒸发快慢亦不相同。这是由于液体分子之间的内聚力大小不同而造成的。例如,水银分子之间的内聚力很大,只有极少数动能足够大的分子才能从液面逸出,蒸发就极慢。而另一些液体,如乙醚,分子之间的内聚力很小,能够逸出液面的分子数量较多,所以蒸发得就快。液体蒸发不仅吸热,还有使周围物体冷却的作用。当液体蒸发时,从液体里跑出来的分子要克服液体表面层的分子对它们的引力而做功。这些分子能做功,是因为它们具有足够大的动能。速度大的分子飞出去,留下的分子的平均动能就变小了,因此温度必然要降低。这时,它就要通过热传递的方式从周围物体中吸取热量,于是使周围的物体被冷却。

2) 蒸发操作的安全要点

蒸发操作的安全要点是控制好蒸发的温度,防止物料局部过热及分解导致的事故。根据蒸发物料的特性选择适宜的蒸发压力、蒸发器类型和蒸发流程是十分关键的。

①溶质在浓缩过程中可能有结晶、沉淀和污垢生成。这些将导致传热效率降低,并产生局部过热,促使物料分解、燃烧和爆炸。因此,应注意严格控制蒸发温度,并对蒸发器的加热部分经常清洗。

②对热敏性物料的蒸发,须考虑温度的控制问题。为防止热敏性物料的分解,可采用真空蒸发,以降低蒸发温度,或尽量缩短溶液在蒸发器内的停留时间和与加热面的接触时间,可采用单程循环、高速蒸发等。

③对腐蚀性溶液的蒸发,尚需考虑设备的耐腐蚀性问题。为了防腐,有的设备需用特种钢材制造。

5.3.2 蒸馏

化工生产中常常要对混合物进行分离,以实现产品的提纯和回收或原料的精制。混合物的分离依据总是混合物中各组分在某种性质上的差异。对于均相液体混合物,最常见的分离方法是蒸馏。蒸馏是借助于液体混合物各组分挥发度的不同,使其分离为纯组分的操作。如从发酵的醪液中提炼饮料酒,炼制石油以分离汽油、煤油、柴油等,对空气进行液化分离制取氧气、氮气等,都是通过蒸馏完成的。对大多数溶液来说,各组分挥发能力的差别表现为组分沸点的差别。因为蒸馏过程有加热载体和加热方式的安全选择问题,又有液相汽化分离及冷凝等的相变安全问题,即能量的转移和相态的变化同时在系统中存在,蒸馏过程又是物质被急剧升温浓缩甚至变稠、结焦、固化的过程,所以安全运行就显得十分重要。

1) 蒸馏的原理及分类

以分离双组分混合液为例介绍蒸馏的原理。加热料液使它部分汽化,易挥发组分在蒸气中得到增浓,难挥发组分在剩余液中也得到增浓,这在一定程度上实现了两组分的分离。两组分的挥发能力相差越大,上述的增浓程度也越大。在工业精馏设备中,使部分汽化的液相与部分冷凝的气相直接接触,以进行气液相际传质,结果是气相中的难挥发组分部分转入液相,液相中的易挥发组分部分转入气相,即同时实现了液相的部分汽化和气相的部分冷凝。

液体的分子由于分子运动有从表面逸出的倾向,这种倾向随着温度的升高而增大。如果把液体置于密闭的真空体系中,液体分子继续不断地逸出而在液面上部形成蒸气,最后使得分子由液体逸出的速度与分子由蒸气回到液体的速度相等,蒸气保持一定的压力。此时液面上的蒸气达到饱和,称为饱和蒸气,它对液面所施的压力称为饱和蒸气压。实验证明,液体的饱和蒸气压只与温度有关,即液体在一定温度下具有一定的饱和蒸气压。这是液体与它的蒸气平衡时的压力,与体系中液体和蒸气的绝对量无关。

将液体加热至沸腾,使液体变为蒸气,然后使蒸气冷却再凝结为液体,这两个过程的联合操作称为蒸馏。很明显,蒸馏可将易挥发和不易挥发的物质分离开来,也可将沸点不同的液体混合物分离开来。但液体混合物各组分的沸点必须相差很大(至少30 ℃以上)才能得到较好的分离效果。在常压下进行蒸馏时,由于大气压往往不是恰好为0.1 MPa,因而严格说来,应对观察到的沸点加上校正值,但由于偏差一般都很小,即使大气压相差2.7 kPa,这项校正值也不过±1 ℃左右,因此可以忽略不计。

由蒸馏的原理可知,对于大多数混合液,各组分的沸点相差越大,其挥发能力相差越大,用蒸馏的方法分离越容易。反之,组分的挥发能力越接近,则越难用蒸馏分离。必须注意,对于恒沸液,组分沸点的差别并不能说明溶液中组分挥发能力的差别,因为此时组分的挥发能力是一样的,这类溶液不能用普通的蒸馏方式分离。

凡根据蒸馏的原理进行组分分离的操作都属蒸馏操作。蒸馏操作可分为间歇蒸馏和连续精馏。当挥发度差异大、容易分离或产品纯度要求不高时,通常采用间歇蒸馏;当挥发度接近、难于分离或产品纯度要求较高时,通常采用连续精馏。间歇蒸馏所用的设备是简单蒸馏塔。连续精馏采用的设备种类较多,主要有填料塔和板式塔两类。根据物料的特性,可选用不同材质和形状的填料,选用不同类型的塔板。塔釜的加热方式可以是直接明火加热,水蒸气直接加热,蛇管、夹套和电感加热等。

蒸馏按操作压强可分为常压蒸馏、加压蒸馏和减压蒸馏(又称真空蒸馏)。处理中等挥发性(沸点100 ℃左右)物料时,采用常压蒸馏较为适宜。处理低沸点(沸点低于30 ℃)物料时,采用加压蒸馏较为适宜,但应注意系统密闭;低沸点的物料也可以采用常压蒸馏,但应设一套冷却系统。处理高沸点(沸点高于150 ℃)物料时,对易发生分解、聚合及热敏性物料应采用减压蒸馏。这样可以降低蒸馏温度,防止物料在高温下变质、分解、聚合和局部过热。

蒸馏按混合物中的组分数可分为双组分蒸馏和多组分蒸馏。

2) 蒸馏过程的安全要点

蒸馏涉及加热、冷凝、冷却等单元操作,是一个比较复杂的过程,危险性较大。蒸馏过程的主要危险有:易燃液体蒸气与空气形成爆炸性混合物,遇点火源即发生爆炸;塔釜复杂的残留物在高温下发生热分解、自聚及自燃;物料中微量的不稳定杂质在塔内局部被蒸浓后分解爆炸;低沸点杂质进入蒸馏塔后瞬间产生大量蒸气造成设备压力骤升而发生爆炸;设备因腐蚀泄漏引发火灾;因物料结垢造成塔盘及管道堵塞发生超压爆炸;蒸馏温度控制不当,有液泛、冲料、过热分解、超压、自燃及淹塔的危险;加料量控制不当,有沸溢的危险,同时会造成塔顶冷凝器负荷不足,使未冷凝的蒸气进入产品受槽后,因超压发生爆炸;回流量控制不当,造成蒸馏温度偏离正常值,同时出现淹塔,使得操作失控,造成出口管堵塞发生爆炸。

蒸馏过程除应根据加热方式采取相应的安全措施外,还应根据物料性质、工艺要求正确选择蒸馏方法、蒸馏设备和操作压力,严格遵守操作规程。特别要注意以下三种蒸馏方式中的安全要点。

(1) 常压蒸馏

①在常压蒸馏中,易燃液体的蒸馏不能采用明火做热源,采用水蒸气或过热水蒸气加热较为安全。

②蒸馏腐蚀性液体时,应防止塔壁、塔盘被腐蚀致使易燃液体或蒸气泄漏,遇明火或灼热炉壁发生燃烧。

③蒸馏自燃点很低的液体时,应注意蒸馏系统的密闭,防止高温泄漏遇空气而发生自燃。

④对于高温的蒸馏系统,应防止冷却水突然漏入塔内。否则,水会迅速汽化,导致塔内压力突然升高,将物料冲出或发生爆炸。开车前应将塔内和蒸汽管道内的冷凝水放尽。

⑤在常压蒸馏系统中,还应注意防止管道被凝固点较高的物质凝结堵塞,使塔内压力增大而引起爆炸。

⑥直接用火加热、蒸馏高沸点物料时,应防止产生自燃点很低的树脂油状物,它们遇空气会自燃;还应防止因蒸干、残渣脂化结垢造成局部过热引发的着火、爆炸事故。对油焦和残渣应该经常清除。

⑦塔顶冷凝器中的冷却水或冷冻盐水不能中断。否则,未冷凝的易燃蒸气逸出后会

使系统温度升高,窜出的易燃蒸气遇明火还会引起燃烧。

(2)减压蒸馏

①真空蒸馏设备的密闭性很重要。蒸馏设备中温度很高,一旦吸入空气,某些易爆物质(如硝基化合物)有引起爆炸或着火的危险。因此,真空蒸馏所用的真空泵应安装单向阀,防止突然停泵造成空气进入设备。

②当易燃易爆物质蒸馏完毕,待蒸馏设备冷却,充入氮气后,再停止真空泵运转,以防空气进入热的蒸馏设备引起燃烧或爆炸。

③真空蒸馏应注意操作顺序,先打开真空阀门,然后开冷却器阀门,最后打开蒸气阀门。否则,物料会被吸入真空泵,并引起冲料,使设备受压甚至发生爆炸。

④对易燃物质进行真空蒸馏的排气管应通至厂房外,管道上应安装阻火器。

(3)加压蒸馏

①加压蒸馏设备的气密性和耐压性十分重要,应安装安全阀和温度、压力调节控制装置,严格控制蒸馏温度与压力。

②在蒸馏易燃液体时,应注意消除系统的静电。特别是苯、丙酮、汽油等不易导电液体的蒸馏,更应将蒸馏设备、管道良好接地。室外蒸馏塔应安装可靠的避雷装置。

③对蒸馏设备,应经常检查、维修。

5.4 冷却、冷凝和冷冻

5.4.1 冷却和冷凝

1)冷却、冷凝操作概述

冷却是使热物体的温度降低而不发生相变化的过程。冷却通常有直接冷却法和间接冷却法两种。

(1)直接冷却法

直接将冰或冷水加入被冷却的物料中,是最简便有效也最迅速的冷却法,但只能在不影响被冷却物料的品质或不致引起化学变化时才能使用;也可将热物料置于敞槽中或喷洒于空气中,使热物料表面自动蒸发而达到冷却的目的。

(2)间接冷却法

间接冷却法是将物料放在容器中,使其经过器壁向周围介质自然散热。被冷却物料如果是液体或气体,可在间壁冷却器中进行。夹套、蛇管、套管、列管等热交换器都适用。冷却剂一般是冷水和空气,也可根据生产实际情况确定。

冷凝是使热物体的温度降低而发生相变化的过程,通常指物质从气态变成液态的过程。冷凝和蒸发是作用相反的两个单元操作。

在化工生产中,实现冷却、冷凝的设备通常是间壁式换热器,常用的冷却、冷凝介质是冷水、盐水等。一般情况下,冷水所达到的冷却效果不低于0 ℃;浓度约为20%盐水的

冷却效果为 -15~0 ℃。

冷却、冷凝操作在化工生产中易被人们所忽视。实际上它很重要,而且严重影响安全生产。

2)冷却、冷凝的安全要点

①根据被冷却物料的温度、压力、理化性质以及所要求冷却的工艺条件,正确选用冷却剂和冷却设备。忌水物料的冷却不宜采用水做冷却剂,必需时应采取特别措施。

②严格检查冷却设备的密闭性,不允许物料窜入冷却剂中,也不允许冷却剂窜入被冷却的物料中(特别是酸性气体)。

③进行冷却操作时,冷却介质不能中断,否则会造成热量积聚,使系统温度、压力骤增,引起爆炸。因此,冷却介质的温度控制最好采用自动调节装置。

④开车前首先清除冷凝器中的积液,然后通入冷却介质,最后通入高温物料。停车时应首先停止通入要被冷却的高温物料,再关闭冷却系统。

⑤有些凝固点较高的物料被冷却后变得黏稠甚至凝固,在冷却时要注意控制温度,防止物料卡住搅拌器或堵塞设备及管道,造成事故。

⑥为保证不凝可燃气体安全排空,可充氮气等惰性气体进行保护。

⑦检修冷却器、冷凝器时必须彻底清洗、置换。

5.4.2 冷冻

1)冷冻操作概述

在化工生产过程中,气体或蒸气的液化、某些组分的低温分离、某些产品的低温储藏与输送等,常需要使用冷冻操作。

冷冻也叫"制冷",是应用热力学原理人工制造低温的方法,冰箱和空调都是采用制冷的原理。普遍使用的冷冻方法有压缩式和吸收式两种,它们共同的基本原理是利用液体蒸发和气体膨胀时吸取四周的热量的作用来产生低温。此外,还有半导体冷冻技术。在化工生产中,一般将一种临界点高的气体,加压液化,然后再使它汽化吸热,反复进行这个过程,液化时在其他地方放热,汽化时对需要的范围吸热。适当选择冷冻剂和操作过程,可以获得从零摄氏度至接近于绝对零度的任何冷冻程度。

一般说来,冷冻程度与冷冻操作的技术有关。凡冷冻温度高于 -100 ℃ 以内的称为冷冻,冷冻不仅是现代冷藏事业的基础,使易腐败品得以长期保存和远途运输,而且为工业生产和科学研究创造了低温条件,同时也是改善高温下人们的生活和劳动条件的措施。冷冻温度为 -100~ -210 ℃ 或更低的称为深度冷冻或深冷,其实质是气体液化技术。采用机械方法,例如用节流膨胀或绝热膨胀等法可以达到 -210 ℃ 的低温,用绝热退磁法可得到 1 K(热力学温度)以下的低温。依靠深度冷冻技术,可研究物质在接近绝对零度时的性质,并可用于气体的液化和气体混合物的分离。

2) 制冷方法简介

(1) 冰融化法

冰融化时要从周围吸收热量,从而使周围的物料冷却。冰融化吸收的热量约为 335 $kJ \cdot kg^{-1}$。这是最早和最广泛使用的制冷方法,可保持在 0 ℃ 以上的低温,主要用于食品、饮料贮存和防暑降温等。

(2) 冰盐水法

冰盐水法是利用冰和盐类的混合物来制冷。因为盐类溶解在冰水中要吸收溶解热,而冰融化时又要吸收融化热,所以冰盐水的温度可以显著下降。冰盐水制冷能达到的温度与盐的种类及浓度有关。工业上常用的冰盐水是冰块和食盐的混合物。冰水中食盐的质量分数为 10% 时,可获得 -6.2 ℃ 的低温;质量分数是 20% 时,可获得 -13.7 ℃ 的低温。23% 的 $NaCl$ 和冰的混合物可达 -21 ℃,30% 的 $CaCl_2$ 和冰的混合物可达 -55 ℃。这种方法主要用于实验室。

(3) 干冰法

干冰法是利用固体二氧化碳升华时从周围吸收大量的升华热来制冷。在标准大气压下干冰升华的温度为 -78.5 ℃,升华热为 573.6 $kJ \cdot kg^{-1}$。在同样条件下,干冰的制冷量比冰融化法和冰盐水法的制冷量大,制冷温度低,一般可达 -40 ℃。干冰法制冷广泛应用于医疗、食品、机械零件的冷处理等。

(4) 液体汽化法

液体汽化法是利用在低温下容易汽化的液体汽化时吸收热量来制冷的。在大气压下液氨的汽化潜热为 1 370 $kJ \cdot kg^{-1}$,汽化的液氨温度可降低到 -33.4 ℃。通过这种方法可以获得各种不同的低温,这是目前应用最广泛的制冷方法,常应用于冷藏、冷冻、空调等制冷过程中。

(5) 气体绝热膨胀法

气体绝热膨胀法又称节流膨胀法,它是利用高压低温气体经过绝热膨胀后压力和温度急剧下降而获得更低温度的制冷。例如 20 MPa、0 ℃ 的空气减压膨胀到 0.1 MPa 时,其温度可降至 -40 ℃ 左右。又如氨在标准大气压下的沸点为 -33.4 ℃,它可以在很低的温度下蒸发,从被制冷物体处吸收热量;所产生的氨蒸气经过压缩和冷却又变为液态氨,液氨经过节流膨胀压强降低,沸点降到被制冷物体的温度之下,热量仍由被制冷物体传向液氨,从而达到制冷的目的。这种方法主要用于气体的液化和分离工业。

在化工生产中,通常采用冷冻盐水(氯化钠、氯化钙、氯化镁等盐类的水溶液)间接制冷。冷冻盐水在被冷冻物料与冷冻剂之间循环,从被冷冻物料中吸取热量,然后将热量传给制冷剂。间接制冷时,常用的压缩冷冻机由压缩机、冷凝器、蒸发器与膨胀阀等四个基本部件组成。

3) 制冷的分类

(1) 按制冷过程分类

① 蒸气压缩式制冷。蒸气压缩式制冷简称压缩制冷,是目前应用最多的制冷方式。

它是利用压缩机做功,将气相工质压缩、冷却冷凝成液相,然后使其减压膨胀、汽化(蒸发),从低温热源取走热量并送到高温热源的过程。此过程类似用泵将流体由低处送往高处,所以有时也称为热泵,如图5-5所示。

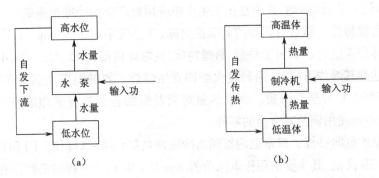

图 5-5 水泵与制冷机的类比
(a)水泵将水从低水位送往高水位 (b)制冷机将热量从低温体送往高温体

②吸收式制冷。吸收式制冷是利用某种吸收剂吸收蒸发器中产生的制冷剂蒸气,然后用加热的方法在冷凝器的压强下进行脱吸,即利用吸收剂的吸收和脱吸作用将制冷剂蒸气由低压的蒸发器中取出并送至高压的冷凝器,用吸收系统代替压缩机,用热能代替机械能进行制冷操作。

工业生产中常见的吸收制冷系统有:氨-水系统,以氨为制冷剂,水为吸收剂,应用在合成氨生产中,将氨从混合气体中冷凝分离出来;水-溴化锂溶液系统,以水为制冷剂,溴化锂溶液为吸收剂,已被广泛应用于空调技术中。

③蒸汽喷射式制冷。蒸汽喷射式制冷是利用高压蒸汽喷射造成真空,使制冷剂在低压下蒸发,吸收被冷物料的热量而达到制冷目的。真空度越高,制冷温度越低,但不能低于0 ℃。水的汽化潜热大,无毒且易得,但其蒸发温度高,工业生产中常用于制取0 ℃以上的冷冻水或做空调的冷源。

(2)按制冷程度分类

①普通制冷。普通制冷的温度在173 K以上。

②深度制冷。深度制冷的温度在173 K以下。从理论上讲,所有气体只要冷却到临界温度以下,均可液化。因此,深度制冷技术也可以称作气体液化技术。在工业生产中,已利用深冷技术有效地分离了空气中的氮、氧、氩、氖及其他稀有组分,成功地分离了石油裂解气中的甲烷、乙烯、丙烷、丙烯等多种气体。现代医学及其他高科技领域也广泛应用深冷技术。

4)冷冻的安全要点

冷冻过程的主要危险来自于冷冻剂的危险性、被冷冻物料潜在的危险性以及制冷设备在恶劣操作条件下工作的危险性。因此,在化工生产中,进行冷冻操作时特别要注意以下安全要点。

(1)注意冷冻剂的危险性

冷冻剂的种类很多,但是目前尚无一种理想的冷冻剂能够满足所有的安全技术条件。选择冷冻剂应从技术、经济、安全环保等角度去综合考虑,目前常见的冷冻剂有氨、氟利昂(氟氯烷)、乙烯、丙烯,其中在化工生产中应用最广泛的冷冻剂是氨。

①氨的危险特性。氨具有强烈的刺激性臭味,在空气中超过 30 mg·m^{-3}时,长期作业即会对人体产生危害。氨属于易燃、易爆物质,其爆炸极限为 15.7%~27.4%,当空气中的氨浓度达到其爆炸下限时,遇到点火源即发生爆炸。氨的温度达到 130 ℃时,开始明显分解,至 890 ℃时全部分解。含水的氨对铜及铜的合金具有强烈的腐蚀作用。因此,氨压缩机不能使用铜及其合金的零件。

②氟利昂的危险特性。最常见的氟利昂冷冻剂是氟利昂 – 11(CCl_3F)和氟利昂 – 12(CCl_2F_2),在 20 世纪,其主要被用作电冰箱的冷冻剂。它们是一种对心脏毒作用强烈而又迅速的物质,受高温易分解,放出有毒的氟化物和氯化物气体。若遇高温,容器内压增大,还有开裂和爆炸的危险。氟利昂应储存于阴凉、通风的仓内,仓内温度不宜超过 30 ℃,要远离火源、热源,防止阳光直射。其应与易燃物、可燃物分开储存,搬运时轻装轻卸,防止钢瓶及附件破损。氟利昂对大气臭氧层的破坏极大,目前世界各国已限制其生产和使用。

③乙烯、丙烯的危险特性。乙烯和丙烯均为易燃气体,闪点都很低,爆炸极限分别为 2.75%~34% 和 2%~11.1%,与空气混合后遇点火源极易发生爆炸。乙烯和丙烯积聚静电的能力很强,在使用过程中要注意导出静电,它们对人的神经有麻醉作用,丙烯的毒性是乙烯的两倍。

(2)氨冷冻压缩机的安全要点

①电气设备采用防爆型。

②在压缩机出口方向,应在汽缸与排气阀之间设置一个能使氨通到吸入管的安全装置,以防压力超高。为避免管路破裂,在旁通管路上不应有任何阻气设施。

③易于污染空气的油分离器应设于室外。压缩机要采用低温不冻结且不与氨发生化学反应的润滑油。

④制冷系统的压缩机、冷凝器、蒸发器以及管路应有足够的耐压程度且气密性良好,防止设备和管路出现裂纹和泄漏。同时要加强安全阀、压力表等安全装置的检查、维护。

⑤制冷系统因发生事故或停电而紧急停车时,应注意其对被冷冻物料的排空处理。

⑥装冷料的设备及容器,应注意其低温材质的选择,防止低温脆裂。

⑦避免含水物料在低温下冻结,阻塞管线,造成增压以致发生爆炸事故。

5.5 筛分和过滤

5.5.1 筛分

1) 筛分操作概述

在工业生产中,为满足生产工艺的要求,常常需将固体原料、产品进行筛选,以选取符合工艺要求的粒度,这一操作过程称为筛分。筛分分为人工筛分和机械筛分。筛分所用的设备称为筛子,通过筛网孔眼控制物料的粒度,按筛网的形状可分为转动式和平板式两种。影响筛分的因素主要有:①粒径范围,粒径范围适宜时,物料的粒度越接近于分界直径越不易分离;②物料的含湿量,物料的含湿量增加,黏性增大,易结成团或堵塞筛孔;③粒子的形状、密度,粒子的形状、密度越小,物料越不易过筛;④筛分装置的参数,为使物料充分运动常同时采用两种筛子,即旋动筛和振荡筛。

筛分常与粉碎相配合,使粉碎后的物料的颗粒大小近于相等,以保证合乎一定的要求或避免过分粉碎。筛分是利用筛子把粒度范围较宽的物料按粒度分为若干个级别的作业。而分级则是根据物料在介质(水或空气)中沉降速度的不同而将其分成不同粒级的作业。筛分一般用于较粗的物料,即大于 0.25 mm 的物料。较细的物料,即小于 0.2 mm 的物料多用分级。但是近几年来,国内外正在应用细筛对磨矿产品进行分级,这种分级的效率一般都比较高。

根据筛分的目的不同,筛分作业可以分为以下两类。

(1) 独立筛分

其目的是得到符合用户要求的最终产品。例如,在黑色冶金工业中,常把含铁量较高的富铁矿筛分成不同的粒级,合格的大块铁矿石进入高炉冶炼,粉矿则经团矿或烧结制块入炉。

(2) 辅助筛分

这种筛分主要用在选矿厂的破碎作业中,对破碎作业起辅助作用。其一般有预先筛分和检查筛分之分。预先筛分是指矿石进入破碎机前进行的筛分,用筛子从矿石中分出对于该破碎机而言已经是合格的部分,如粗碎机前安装的格条筛筛分。这样就可以减少进入破碎机的矿石量,提高破碎机的产量。

2) 筛分的安全要点

筛分最大的危险性是可燃粉尘与空气形成爆炸性混合物,遇点火源发生粉尘爆炸事故,从而对生命财产造成重大损失。操作者无论进行人工筛分还是机械筛分,都必须注意以下安全问题。

① 在筛分操作过程中,粉尘如具有可燃性,需注意因碰撞和静电而引起燃烧、爆炸。

② 如粉尘具有毒性、吸水性或腐蚀性,需注意呼吸器官及皮肤的保护,以防引起中毒或皮肤损伤。

③要加强检查,注意筛网的磨损和避免筛孔阻塞、卡料,以防筛网损坏和混料。
④筛分设备的运转部分应加防护罩,以防绞伤操作人员。
⑤振动筛会产生大量噪声,应采取隔离等消声措施。

5.5.2 过滤

1) 过滤操作概述

过滤是在推动力或者其他外力作用下,使悬浮液(或含固体颗粒的发热气体)中的液体(或气体)透过介质,固体颗粒及其他物质被具有许多孔隙的过滤介质截留,从而使固体及其他物质与液体(或气体)分离的单元操作。

过滤操作依其推动力可分为重力过滤、加压过滤、真空过滤、离心过滤,按操作方式可分为连续过滤和间歇过滤。一个完整的悬浮溶液的过滤过程应包括过滤、滤饼洗涤、去湿和卸料等几个阶段。常用的液固过滤设备有板框压滤机、转筒真空过滤机、圆形滤叶加压叶滤机、三足式离心机、刮刀卸料离心机、旋液分离器等。常用的气固过滤设备有降尘室、袋滤器、旋风分离器等。

2) 过滤的安全要点

过滤的主要危险来自所处理物料的危险特性,悬浮液中有机溶剂的易燃易爆特性或挥发性、气体的毒害性或爆炸性、有机过氧化物滤饼的不稳定性。因此,操作时必须注意以下几点。

①在存在火灾、爆炸危险的工艺中,不宜采用离心过滤机,宜采用转鼓式或带式等真空过滤机,必需时应严格控制电机安装质量,安装限速装置。注意不要选择临界速度操作。

②处理有害或爆炸性气体时,采用密闭式的加压过滤机操作,并以压缩空气或惰性气体保持压力。在取滤渣时,应先释放压力,否则会发生事故。

③离心过滤机超负荷运转、工作时间过长、转鼓磨损或腐蚀、启动速度过高等均有可能导致事故发生。当负荷不均匀时运转会发生剧烈振动,不仅磨损轴承,且可能使转鼓撞击外壳而发生事故。高速运转的转鼓也可能由外壳中飞出造成重大事故。

④离心过滤机无盖或防护装置不良时,工具或其他杂物有可能落入其中,并以很大的速度飞出伤人。杂物留在转鼓边缘也可能引起转鼓振动造成其他危险。

⑤开停离心过滤机时,不要用手帮忙以防发生事故。操作过程力求加料均匀。

⑥清理器壁必须待过滤机完全停稳后进行,否则,铲勺会从手中脱飞,使人受伤。

⑦有效控制各种点火源。

5.6 粉碎和混合

5.6.1 粉碎

1) 粉碎操作概述

将大块物料变成小块物料的操作称为破碎,将小块物料变成粉末的操作称为研磨。粉碎在化工生产中主要有三个方面的应用:为满足工艺要求,将固体物料粉碎或研磨成粉末,以增大接触面积,缩短化学反应时间,提高生产效率;使某些物料混合更均匀,分散度更好;将成品粉碎至一定粒度,满足用户的需要。

粉碎的方法有挤压、撞击、研磨、劈裂等,可根据被粉碎物料的物理性质、形状大小以及所需的粉碎度来选择粉碎的方法。一般对于特别坚硬的物料,挤压和撞击有效;对韧性物料用研磨较好;而对脆性物料则用劈裂为宜。实际生产中,通常联合使用以上四种方法,如挤压与研磨、挤压与撞击等。常用的粉碎设备有腭式破碎机、圆锥式破碎机、滚碎机、环滚研磨机以及气流粉碎机等。

2) 粉碎操作的安全要点

粉碎操作最大的危险性是可燃粉尘与空气形成爆炸性混合物,遇点火源发生粉尘爆炸事故,故须注意如下安全事项。

①粉碎、研磨设备要密闭,操作间应具有良好的通风,以降低粉尘浓度,必要时可装设喷淋设备。

②初次研磨物料时,应事先在研钵中进行试验,了解其是否黏结、着火。在粉碎、研磨时料斗不得卸空,盖子要盖严实。

③粉末输送管道与水平方向的夹角不得小于45 ℃,以消除输送管道中的粉末沉积。

④要注意设备的润滑,防止摩擦发热。对研磨易燃、易爆物料的设备要通入惰性气体进行保护。

⑤可燃物研磨后应先行冷却,然后装桶,以防发热引起燃烧;用球磨机研磨具有爆炸性的物料时,球磨机内部需衬以橡皮等柔软材料,同时需采用青铜球。

⑥发现粉碎系统中的粉末阴燃或燃烧时,需立即停止送料,并采取措施断绝空气来源,必要时通入二氧化碳或氮气等惰性气体进行保护。但不宜使用加压水流或泡沫进行扑救,以免可燃粉尘飞扬,造成事故扩大化。

⑦应注意定期清洗机器,避免由于粉碎设备高速运转、挤压产生高温,使机内存留的原料熔化后结块堵塞进、出料口,形成密闭体,发生爆炸事故。

5.6.2 混合

1) 混合操作概述

混合是用机械或其他方法使两种或多种物料相互分散而达到均匀状态的操作,包括液体与液体的混合、固体与液体的混合、固体与固体的混合。在化工生产中,混合的目的是加速传热、传质和化学反应(如硝化、磺化等),也用以促进物理变化,制取许多混合体,如溶液、乳浊液、悬浊液、混合物等。

用于液态物料的混合操作有机械搅拌、气流搅拌。机械搅拌装置包括桨式搅拌器、螺旋桨式搅拌器、涡轮式搅拌器、特种搅拌器。气流搅拌装置是将压缩空气、蒸汽或氮气通入液体介质中进行鼓泡,以达到混合目的的一种装置。用于固态糊状物料的混合装置有捏合机、螺旋混合器和干粉混合器。

2) 混合操作的安全要点

混合操作是一个比较危险的过程。易燃液态物料在混合过程中蒸发速度较快,会产生大量可燃蒸气,若泄漏,将与空气形成爆炸性混合物;易燃粉状物料在混合过程中极易造成粉尘漂浮而导致粉尘爆炸。对强放热的混合过程,若操作不当也具有极大的火灾爆炸危险。

5.7 吸收

5.7.1 吸收操作概述

在炼焦或制取城市煤气的生产过程中,焦炉煤气内常含有少量苯和甲苯类化合物的蒸气,应予回收利用。图 5-6 为洗油脱除煤气中粗苯的吸收流程简图。图中虚线左侧为吸收过程,通常在吸收塔中进行。含苯约 $35 \text{ g} \cdot \text{m}^{-3}$ 的常温常压煤气由吸收塔底部引入,洗油从吸收塔顶部喷淋而下与气体呈逆流流动。在煤气与洗油逆流接触的过程中,苯系化合物蒸气溶解于洗油中,吸收了粗苯的洗油(又称富油)由吸收塔底排出。被吸收后的煤气由吸收塔顶排出,其含苯量可降至允许值($<2 \text{ g} \cdot \text{m}^{-3}$),从而得以净化。图中虚线右侧所示为解吸过程,一般在解吸塔中进行。从吸收塔排出的富油经热交换器加热后,由解吸塔顶引入,在与解吸塔底部通入的过热水蒸气逆流接触的过程中,粗苯由液相释放出来,并被水蒸气带出,经冷凝分层后即可获得粗苯产品。解吸出粗苯的洗油(也称贫油)经冷却后再送回吸收塔循环使用。

工业生产中的吸收操作大部分与用洗油吸收苯的操作相同,即气液两相在塔内逆流流动、直接接触,物质的传递发生在上升气流与下降液流之间。因此,气体吸收是利用气体混合物各组分在液体溶剂中溶解度的差异来分离气体混合物的单元操作,其逆过程是脱吸或解吸。混合气体中能够溶解的组分称为吸收质或溶质,以 A 表示;不被吸收的组分称为惰性组分或载体,以 B 表示;吸收操作所用的溶剂称为吸收剂,以 S 表示;吸收操作所得的溶液称为吸收液,其成分为溶剂 S 和溶质 A;排出的气体称为吸收尾气,其主要成分为惰性气体 B,还含有残余的溶质 A。吸收过程是使混合气中的溶质溶解于吸收剂中而得到一种溶液,即溶质由气相转移到液相的相际传质过程。解吸过程是使溶质从吸收液中释放出来,以得到纯净的溶质或使吸收剂再生后循环使用。

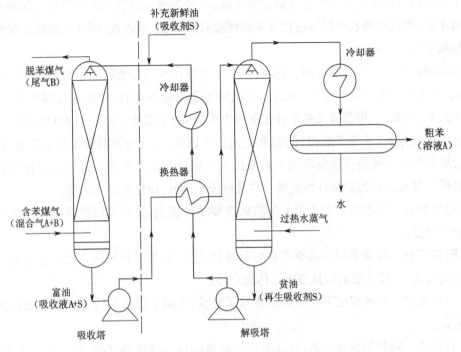

图 5-6 洗油脱除煤气中粗苯的吸收流程

1) 吸收操作的具体应用

在化工生产中,吸收操作广泛地应用于混合气体的分离,其具体应用大致有以下几种。

①回收混合气体中有价值的组分。如用硫酸处理焦炉气以回收其中的氨,用液态烃处理裂解气以回收其中的乙烯、丙烯等。

②除去有害组分以净化气体。如用水或碱液脱除合成氨原料气中的二氧化碳,用丙酮脱除裂解气中的乙炔等。

③制备某种气体的溶液。如用水吸收二氧化氮以制造硝酸,用水吸收甲醛以制取福尔马林,用水吸收氯化氢以制取盐酸等。

④工业废气的治理。在工业生产所排放的废气中常含有 SO_2、NO、HF 等有害的成分,其含量一般都很低,但若直接排入大气,则对人体和自然环境的危害都很大。因此,在排放之前必须加以治理,这样既得到了副产品,又保护了环境。如磷肥生产中放出的含氟废气具有强烈的腐蚀性,可采用水及其他盐类制成有用的氟硅酸钠、水晶石等;又如硝酸厂尾气中含氮的氧化物,可以用碱吸收制成硝酸钠等有用物质。

采用吸收操作以实现气体混合物分离必须解决的问题包括:选择合适的吸收剂,使其能选择性溶解某个(或某些)组分;提供合适的设备以实现气液两相的充分接触,使被吸收组分能较完全地由气相转移到液相;确保溶剂的再生与循环使用。

2) 气体吸收的分类

按照不同的分类依据,气体吸收可以分为不同的类别。

① 按溶质与溶剂是否发生显著的化学反应，可分为物理吸收和化学吸收。如用水吸收二氧化碳、用洗油吸收芳烃等过程属于物理吸收；用硫酸吸收氨、用碱液吸收二氧化碳等过程属于化学吸收。

② 按被吸收组分数目的不同，可分为单组分吸收和多组分吸收。如用碳酸丙烯酯吸收合成气（含 N_2、H_2、CO、CO_2 等）中的二氧化碳属于单组分吸收；用洗油处理焦炉气时，气体中的苯、甲苯、二甲苯等几种组分在洗油中都有显著的溶解，属于多组分吸收。

③ 按吸收体系（主要是液相）的温度变化是否显著，可分为等温吸收和非等温吸收。吸收过程是依靠气体溶质在吸收剂中的溶解实现的，因此，吸收剂性能的优劣往往是决定吸收操作效果和过程经济性的关键。在选择吸收剂时，应注意以下问题。

(a) 溶解度。吸收剂对溶质组分的溶解度要尽可能大，这样可以提高吸收速率和减少吸收剂用量。

(b) 选择性。吸收剂对溶质要有良好的吸收能力，而对混合气体中的惰性组分不吸收或吸收甚微，这样才能有效地分离气体混合物。

(c) 挥发度。操作温度下吸收剂的蒸气压要低，以减少吸收和再生过程中吸收剂的挥发损失。

(d) 黏度。吸收剂黏度要低，这样可以改善吸收塔内的流动状况，提高吸收速率，且有利于减少吸收剂输送时的动力消耗。

(e) 其他。所选用的吸收剂还应尽可能满足无毒性、无腐蚀性、不易燃易爆、不发泡、冰点低、价廉易得以及化学性质稳定等要求。

5.7.2 吸收操作运行安全条件分析

在正常的化工生产中，吸收塔的结构形式、尺寸，吸收质的浓度范围，吸收剂的性质等都已确定，此时影响吸收操作的主要因素有以下方面。

1) 气流速度

气体吸收是一个在气、液两相间进行的传质过程，气流速度的大小直接影响这个传质过程。气流速度小，气体湍动不充分，吸收传质系数小，不利于吸收；反之，气流速度大，有利于吸收，同时也提高了吸收塔的生产能力。但是气流速度过大时，会造成雾沫夹带甚至液泛，使气液接触效率下降，不利于吸收。因此对每一个塔都应选择一个适宜的气流速度。

2) 喷淋密度

单位时间内，单位塔截面积上所接受的液体喷淋量称为喷淋密度。其大小直接影响气体吸收效果的好坏。在填料塔中，若喷淋密度过小，有可能导致填料表面不能被完全湿润，从而使传质面积减小，甚至达不到预期的分离目标；若喷淋密度过大，则流体阻力增大，甚至还会引起液泛。因此，应选择适宜的喷淋密度，以保证填料的充分润湿和良好的气液接触状态。

3) 温度

降低温度可增大气体在液体中的溶解度,对气体吸收有利,因此,对于放热量大的吸收过程,应采取冷却措施。但温度太低时,除了消耗大量冷介质外,还会增大吸收剂的黏度,使流体在塔内的流动状况变差,输送时增加能耗。若液体太冷,有的甚至会有固体结晶析出,影响吸收操作顺利进行。因此应综合考虑不同因素,选择一个最适宜的温度。

4) 压力

增大吸收系统的压力,即增大了吸收质的分压,提高了吸收推动力,有利于吸收。但过高地增大系统压力,会使动力消耗增大,设备强度要求提高,使设备投资和经常性生产费用增加。因此一般能在常压下进行的吸收操作不必在高压下进行。但对于一些在吸收后需要加压的系统,可以在较高压力下进行吸收,这样既有利于吸收,又有利于增大吸收塔的生产能力。如合成氨生产中的二氧化碳洗涤塔就是这种情况。

5) 吸收剂的纯度

降低入塔吸收剂中溶质的浓度,可以增大吸收的推动力。因此,对于有溶剂再循环的吸收操作来说,吸收液在解吸塔中的解吸越完全越好。

6) 黏度及扩散系数

吸收过程由于在低温下进行,吸收液的黏度及扩散系数都较小,故影响吸收效率。为此可采用增大液气比的手段提高效率。增大液气比改变操作线位置,有利于增加传质推动力;对液膜控制系统,增加液量可以提高液体湍动程度,有利于增大传质系数;有足够大的液体喷淋量,可改善填料润湿状况,增加气液接触表面,有利于提高传质速率,但液量增加会降低出塔吸收液的浓度。

7) 闪蒸过程

当吸收与解吸操作同时进行时,由于吸收在较高压力下进行,而解吸在常压或减压下进行,因此从吸收到解吸的减压过程中有闪蒸,一般在流程上需要设置闪蒸罐,或者在解吸塔的顶部考虑闪蒸段。

5.8 液-液萃取

5.8.1 萃取操作概述

工业上对液体混合物的分离,除了采用蒸馏的方法外,还广泛采用液-液萃取。例如,为防止工业废水中的苯酚污染环境,往往将苯加到废水中,使它们混合和接触,由于苯酚在苯中的溶解度比在水中大,大部分苯酚从水相转移到苯相,再将苯相与水相分离,并进一步回收溶剂苯,从而达到回收苯酚的目的。再如,石油炼制工业的重整装置和石油化学工业的乙烯装置都离不开抽提芳烃的过程,因为芳香族与链烷烃类化合物共存于石油馏分中,它们的沸点非常接近或成为共沸混合物,故用一般的蒸馏方法不能达到分离的目的,而要采用液-液萃取的方法提取出其中的芳烃,然后再将芳烃中的各组分加以分离。

　　液-液萃取也称为溶剂萃取,简称萃取。这种操作是在欲分离的液体混合物中加入一种适宜的溶剂,使其形成两液相系统,由于液体混合物中各组分在两相中分配的差异,易溶组分较多地进入溶剂相,从而实现混合液的分离。在萃取过程中,所用的溶剂称为萃取剂,混合液体称为原料,原料液中欲分离的组分称为溶质,其余组分称为稀释剂(或称原溶剂)。萃取操作所得到的溶液称为萃取相,其成分主要是萃取剂和溶质,剩余的溶液称为萃余相,其中还含有残余的溶质等组分。

　　需要指出的是,萃取后得到的萃取相往往还要用精馏或反萃取等方法进行分离,得到含溶质的产品和萃取剂,萃取剂循环使用。萃余相通常含有少量萃取剂,也需应用适当的分离方法回收其中的萃取剂,因此,生产上萃取与精馏这两种分离混合液的常用方法是密切联系、互相补充的,常配合使用。另外,有些混合液的分离(如稀乙酸水溶液的去水,从植物油中分离脂肪酸等)既可采用精馏,也可采用萃取。选择何种方法合适,主要由经济性确定。与蒸馏比较,萃取过程的流程比较复杂,且萃取相中萃取剂的回收往往还要应用精馏操作,但是萃取过程具有在常温下操作、无相变化以及选择适当溶剂可以获得较好的分离效果等优点,在很多情况下仍显示出技术经济上的优势。

　　一般而言,以下几种情况采用萃取操作较为有利。

　　①混合液中各组分之间的相对挥发度接近于1,或形成恒沸物,用一般的蒸馏方法难以或不能达到分离要求的纯度。

　　②需分离的组分浓度很低且沸点比稀释剂高,用精馏方法需蒸出大量稀释剂,消耗能量很多。

　　③溶液要分离的组分是热敏性物质,受热易于分解、聚合或发生其他化学变化。

　　目前,萃取操作仍是分离液体混合物的常用单元操作之一,在石油化工、精细化工、湿法冶金(如稀有元素的提炼)、原子能化工和环境保护等方面被广泛应用。

5.8.2　萃取剂及其选择

　　溶剂的选择是萃取操作的关键,它直接影响到萃取操作能否进行,对萃取产品的产量、质量和过程的经济性也有重要的影响。因此准备采用萃取操作时,首要的问题就是萃取剂的选择。一种溶剂要能用于萃取操作,首要的条件就是它与原料液混合后要能分成两个液相。但要选择一种经济有效的溶剂,还必须从以下方面作分析、比较。

　　1)萃取剂的选择性

　　萃取时所采用的萃取剂必须对原溶液中欲萃取出来的溶质有显著的溶解能力,而不溶或少溶其他组分(稀释剂),即萃取剂应有较好的选择性。

　　2)萃取剂的物理性质

　　萃取剂的某些物理性质也对萃取操作有一定影响。

　　(1)密度

　　萃取剂必须在操作条件下使萃取相与萃余相之间保持一定的密度差,以利于两液相在萃取器中以较快的相对速度逆流后分层,从而提高萃取设备的生产能力。

(2) 界面张力

萃取物系的界面张力较大时,细小的液滴比较容易聚结,有利于两相的分离,但界面张力过大时,液体不易分散,难以使两相混合良好,需要较多的外加能量;界面张力过小时,液体易分散,但易产生乳化现象使两相难分离。因此应从界面张力对两液相混合与分层的影响综合考虑,选择适当的界面张力,一般来说不宜选用界面张力过小的萃取剂。常用体系界面张力的数值可在相关文献中找到。有人建议,将溶剂和料液加入分液漏斗中,经充分剧烈摇动后,两液相最长在 5 min 以内要能分层,以此作为溶剂的界面张力 σ 适当与否的大致判别标准。

(3) 黏度

萃取剂的黏度小有利于两相的混合与分层,也有利于流动与传质,因而黏度小对萃取有利。有的萃取剂黏度大,往往需加入其他溶剂来调节其黏度。

3) 萃取剂的化学性质

萃取剂应有良好的化学稳定性,不易分解、聚合,并应有足够的热稳定性和抗氧化稳定性,对设备的腐蚀性要小。

4) 萃取剂回收的难易

通常萃取相和萃余相中的萃取剂需回收后重复使用,以减少溶剂的消耗量。回收费用取决于回收萃取剂的难易程度。有的溶剂虽然具有以上很多良好的性能,但往往由于回收困难而不被采用。

最常用的萃取剂回收方法是蒸馏,因而要求萃取剂与被分离组分 A 之间的相对挥发度 α 要大,如果 α 接近于 1,不宜用蒸馏方法,可以考虑用反萃取、结晶分离等方法。

5) 其他指标

萃取剂的价格、来源、毒性以及是否易燃、易爆,等等,均为选择萃取剂时需要考虑的问题。

工业生产中常用的萃取剂可分为以下三大类:

① 有机酸或它们的盐,如脂肪族的一元羧酸、磺酸、苯酚等;

② 有机碱的盐,如伯胺盐、仲胺盐、叔胺盐、季铵盐等;

③ 中性溶剂,如水、醇类、酯、醛、酮等。

5.8.3 萃取设备

萃取设备能为两液相提供充分混合与充分分离的条件,通常是将一种液相分散在另一种液相中,使两液相之间具有很大的接触面积。分散成滴状的液相称为分散相,呈连续状态的液相称为连续相。显然,分散的液滴越小,两相的接触面积越大,传质越快。为此,在萃取设备内装有喷嘴、筛孔板、填料或机械搅拌装置等。为使萃取过程获得较大的传质推动力,两相流体在萃取设备内以逆流流动方式进行操作。目前工业应用较多的是塔式萃取设备,主要包括填料萃取塔、筛板萃取塔、转盘萃取塔、往复振动筛板萃取塔和脉冲萃取塔等,除此以外,混合-澄清萃取器、离心萃取机等萃取设备也在很多场合下被使用。

5.8.4 萃取过程的安全控制

萃取设备的种类很多,各种萃取设备具有不同的特性,萃取过程及萃取物系中各种因素的影响也错综复杂。因此,对于某一新的液-液萃取过程,选择适当的萃取设备是十分重要的。选择的原则主要有:满足生产的工艺要求和条件;确保安全生产;经济上合理。然而,到目前为止,人们对各种萃取设备的性能研究还不很充分,在选择时往往要凭经验。

在液-液萃取过程中,系统的物理性质对设备的选择比较重要。在无外能输入的萃取设备中,液滴的大小及运动情况与界面张力和两相密度差 $\Delta\rho$ 的比值($\sigma/\Delta\rho$)有关。若 $\sigma/\Delta\rho$ 大,液滴较大,两相接触界面小,传质系数就小。因此,无外能输入的设备仅宜用于 $\sigma/\Delta\rho$ 较小,即界面张力小、密度差较大的系统。当 $\sigma/\Delta\rho$ 较大时,应选用有外能输入的设备,使液滴尺寸变小,提高传质系数。对密度差较大的系统,离心萃取机比较适用。

对于腐蚀性强的物系,宜选取结构简单的填料塔,或采用由耐腐蚀金属或非金属材料如塑料、玻璃钢内衬或内涂的萃取设备。对于放射性系统,应用较广的是脉冲塔。如果物系有固体悬浮物存在,为避免设备堵塞,一般可选用转盘萃取塔或混合-澄清器。对某一液-液萃取过程,当所需理论级数为 2～3 级时,各种萃取设备均可选用;当所需的理论级数为 4～5 级时,一般可选择转盘萃取塔、往复振动筛板萃取塔和脉冲萃取塔;当需要的理论级数更多时,一般只能采用混合-澄清器。

根据生产任务和要求,如果所需设备的处理量较小,可用填料萃取塔、脉冲萃取塔;如果处理量较大,可选用往复振动筛板萃取塔、转盘萃取塔以及混合-澄清器。

在选择设备时也要考虑物系的稳定性与停留时间,例如在抗生素的生产中,由于稳定性的要求,物料在萃取器中的停留时间要短,这时离心萃取机是合适的。若萃取物系中伴有慢的化学反应,要求有足够的停留时间,选用混合-澄清器较为有利。

萃取塔能否实现正常操作将直接影响产品的质量、原料的利用率和经济效益。因此,萃取塔的正确操作是生产中的重要一环。在萃取塔启动时,应先将连续相注满塔,若连续相为重相(即密度较大的一相),液面应在重相入口高度处为宜,关闭重相进口阀,然后开启分散相进口阀,使分散相不断在塔顶分层凝聚。随着分散相不断进入塔内,在重相的液面上形成两液相界面并不断升高。当两相界面升高到重相入口与轻相(即密度较小的一相)出口之间时,再开启分散相出口阀和重相进、出口阀,调节流量或重相升降管的高度使两相界面维持在原高度。当重相为分散相时,分散相不断在塔底的分层段凝聚,两相界面应维持在塔底分层段的某一位置上,一般在轻相入口处附近。

1) 两相界面高度要维持稳定

参与萃取的两液相的密度相差不大,在萃取塔的分层段中两液相的相界面容易产生上下位移。造成相界面位移的因素有以下几种。

①振动、往复、脉冲频率及幅度变化。

②流量发生变化,即若相界面不断上移到轻相出口,则分层段不起作用,重相会从轻相出口处流出;若相界面不断下移至萃取段,就会降低萃取段的高度,使得萃取效率降低。

当相界面不断上移时,要降低升降管的高度或增大连续相的出口流量,使两相界面下降到规定的高度处。反之,当相界面不断下移时,要升高升降管的高度或减小连续相的出口流量。

2) 防止液泛

液泛是萃取塔操作时容易发生的一种不正常的操作现象。所谓液泛是指逆流操作中,随着两相(或一相)流速的加大,流体流动的阻力也增大,当流速超过某一数值时,一相因流体阻力增大而被另一相夹带由出口端流出塔外,有时在设备中表现为某段分散相把连续相隔断。

液泛不仅与两相流体的物性(如黏度、密度、表面张力等)有关,而且与塔的类型、内部结构有关。不同的萃取塔对应的泛点速度也不同。当某萃取塔的两相流体确定后,液泛的产生就是由流速(流量)、振动、脉冲频率和幅度的变化而引起的,因此流速过大或振动频率过高都容易造成液泛。

3) 减少返混

萃取塔内部分液体的流动滞后于主体流动,或者产生不规则的旋涡运动,这些现象称为轴向混合或返混。

萃取塔中理想的流动情况是两液相均呈活塞流,即在整个塔截面上两液相的流速相等。这时传质推动力最大,萃取效率最高。但是在实际的塔内,流体的流动并不呈活塞流,因为流体与塔壁之间的摩擦阻力大,连续相在靠近塔壁或其他构件处的流速比中心处慢,中心区的液体以较快的速度通过塔内,停留时间短,而近壁区的液体速度较慢,在塔内停留时间长,这种停留时间的不均匀是造成液体返混的主要原因之一。分散相的液滴大小不一,大液滴以较快的速度通过塔内,停留时间短;小液滴速度慢,在塔内停留时间长;更小的液滴甚至被连续相夹带,产生反方向的运动。此外,塔内的液体还会产生旋涡而造成局部轴向混合。上述种种现象均使两液相偏离正常的运动方向。液相的返混使两液相各自沿轴向的浓度梯度减小,从而使塔内各截面上两相液体间的浓度差(传质推动力)降低。据相关文献报道,在大型工业塔中,有60%~90%的塔高是用来补偿轴向混合的。轴向混合不仅影响传质推动力和塔高,还影响塔的通过能力,因此,在萃取塔的设计和操作中,应该仔细考虑轴向返混。与气-液传质设备比较,在液-液萃取设备中,两相的密度差小,黏度大,两相间的相对速度小,返混现象严重,对传质的影响更为突出。返混随塔径增大而增强,所以,萃取塔的放大效应比气-液传质设备大得多,放大更为困难。目前萃取塔还很少直接通过计算进行工业装置设计,一般需要通过中间试验,中试条件应尽量接近生产设备的实际操作条件。

在萃取塔的操作中,连续相和分散相都存在返混现象。连续相的轴向返混随塔的自由截面的增大而增大,也随连续相流速的增大而增大。对于振动筛板萃取塔或脉冲萃取塔,当振动、脉冲频率或幅度增大时都会造成连续相的轴向返混。

造成分散相轴向返混的原因有:由于分散相液滴大小是不均匀的,在连续相中上升或下降的速度也不一样,从而产生轴向返混,这在无搅拌、振动的萃取塔如填料萃取塔、筛板萃取塔或搅拌不激烈的萃取塔中起主要作用;对于有搅拌、振动的萃取塔,液滴尺寸小,湍流强度也高,液滴易被连续相涡流所夹带,造成轴向返混;在体系与塔结构已定的情况下,两相的流速、振动、脉冲频率或幅度增大将会使轴向返混变严重,导致萃取效率的下降。

萃取塔在维修、清洗或工艺要求下需要停车时,需要注意的事项如下。

①连续相为重相的,停车时首先应关闭连续相的进出口阀,再关闭轻相的进口阀,让轻重两相在塔内静置分层。分层后慢慢打开连续相的进口阀,让轻相流出塔外,并注意两相的界面,当两相界面上升至轻相全部从塔顶排出时,关闭重相进口阀,让重相全部从塔底排出。

②连续相为轻相的,相界面在塔底,停车时首先应关闭重相进出口阀,然后再关闭轻相进出口阀,让轻重两相在塔中静置分层。分层后打开塔顶旁路阀,塔内接通大气,然后慢慢打开重相出口阀,让重相排出塔外。当相界面下移至塔底旁路阀的高度处,关闭重相出口阀,打开旁路阀,让轻相流出塔外。

5.9 结晶

5.9.1 结晶操作概述

结晶是固体物质以晶体状态从蒸气、溶液或熔融物中析出的过程。在化学工业中,常遇到的情况是固体物质从溶液及熔融物中结晶出来,如糖、食盐、各种盐类、染料及其中间体、肥料、药品、味精、蛋白质的分离与提纯等。

结晶是一个重要的化工单元操作,主要用于以下两个方面。

1) 制备产品与中间产品

许多化工产品常以晶体形态出现,在生产过程中都与结晶过程有关。结晶产品易于包装、运输、贮存和使用。

2) 获得高纯度的纯净固体物料

在工业生产中,即使原溶液中含有杂质,经过结晶所得的产品都能达到相当高的纯度,故结晶是获得纯净固体物质的重要方法之一。

工业结晶过程不但要求产品有较高的纯度和产率,而且对晶形、晶粒大小及粒度范围(即晶粒大小分布)等也常加以规定。颗粒大且粒度均匀的晶体不仅易于过滤和洗涤,而且贮存时胶结现象(即粒体互相胶黏成块)大为减少。

结晶过程常采用搅拌装置,搅动液体使之发生某种方式的循环流动,从而使物料混合均匀或促使物理、化学过程加速进行。搅拌在工业生产中的应用主要有以下四种:气泡在液体中的分散,如空气分散于发酵液中,以提供发酵过程所需的氧气;液滴在与其不互溶的液体中的分散,如油分散于水中制成乳浊液;固体颗粒在液体中的悬浮,如向树脂溶液中加入颜料,以调制涂料;互溶液体的混合,如使溶液稀释,或为加速互溶组分间的化学反应等。此外,搅拌还可以强化液体与固体壁面之间的传热,使物料受热均匀。搅拌的方式有机械搅拌和气流搅拌两种。

搅拌槽内液体的运动从尺度上分为总体流动和湍流脉动。总体流动的流量称为循环量,加大循环量有利于提高宏观混合的调匀度。湍流脉动的强度与流体离开搅拌器时的速度有关,加强湍流脉动有利于减小分隔尺度与分隔强度。不同的过程对这两种流动有不同的要求。液滴、气泡的分散需要强烈的湍流脉动;固体颗粒的均匀悬浮有赖于总体流动。搅拌时能量在这两种流动间的分配是搅拌器设计中的重要问题。

在搅拌混合物时,两相的密度差、黏度及界面张力对搅拌操作有很大的影响。密度差和界面张力越小,物系越容易达到稳定的分散;黏度越大,越不利于形成良好的循环流动和足够的湍流脉动,并会消耗较大的搅拌功率。

5.9.2 结晶过程机理分析

1) 结晶

在固体物质溶解的同时,溶液中还进行着一个相反的过程,即已溶解的溶质粒子撞击到固体溶质表面时,又重新变成固体而从溶剂中析出,这个过程称为结晶。

2) 晶体

晶体是化学组成均一的固体,组成它的分子(原子或离子)在空间格架的结点上对称排列,形成有规则的结构。

3) 晶系和晶格

构成晶体的微观粒子(分子、原子或离子)按一定的几何规则排列,由此形成的最小单元称为晶格。晶体可按晶格空间结构的区别分为不同的晶系。同一种物质在不同的条件下可形成不同的晶系,或为两种晶系的混合物。例如,熔融的硝酸铵在冷却过程中可由立方晶系变成斜楞晶系、长方晶系等。

微观粒子的规则排列可以往不同方向发展,即各晶面以不同的速率生长,从而形成不同外形的晶体,这种习性以及最终形成的晶体外形称为晶习。同一晶系的晶体在不同结晶条件下的晶习不同,改变结晶温度、溶剂种类、pH值以及少量杂质或添加剂的存在往往因改变晶习而得到不同的晶体外形。例如结晶温度不同,碘化汞的晶体可以是黄色或红色的;氯化钠从纯水溶液中结晶时为立方晶体,但若水溶液中含有少许尿素,则氯化钠形成八面体的晶体。

控制结晶操作的条件以改善晶习,获得理想的晶体外形,这是结晶操作区别于其他分离操作的重要特点。控制结晶操作主要从以下两方面入手。

(1) 晶核

溶质从溶液中结晶出来的初期,首先要产生微观的晶粒作为结晶的核心,这些核心称为晶核。晶核是过饱和溶液中首先生成的微小晶体粒子,是晶体生长过程中必不可少的核心。

(2) 晶浆和母液

溶液在结晶器中重结晶出来的晶体和剩余的溶液构成的悬浊物称为晶浆,去除晶体后所剩的溶液称为母液。结晶过程中,含有杂质的母液会以表面黏附或晶间包藏的方式夹带在固体产品中。工业上,通常在对晶浆进行固液分离以后,再用适当的溶剂对固体进行洗涤,以尽量去除由于黏附和包藏母液所带来的杂质。

5.9.3 结晶方法介绍

1) 冷却结晶法

冷却结晶法基本上不去除溶剂,溶液的过饱和系借助冷却获得,故适用于溶解度随温度降低而显著下降的物系,如 KNO_3、$NaNO_3$、$MgSO_4$ 等。

冷却的方法可分为自然冷却法、间壁冷却法和直接接触冷却法三种。自然冷却法使溶液在大气中冷却而结晶,其设备构造及操作均较简单,但由于冷却缓慢,生产能力低,不易控制产品质量,在较大规模的生产中已不被采用。间壁冷却法是广泛应用的工业结晶方法,与其他结晶方法相比所消耗的能量较少,但由于冷却传热面上常有晶体析出(晶垢),使传热系数减小,冷却传热速率较低,甚至影响生产的正常进行,故一般多用在产量较小的场合,或生产规模虽较大但其他结晶方法不经济的场合。直接接触冷却法是以空气或与溶液不互溶的碳氢化合物或专用的液态物质为冷却剂与溶液直接接触而实现冷却,冷却剂在冷却过程中被汽化的方法。直接接触冷却法有效地克服了间壁冷却法的缺点,传热效率高,没有晶垢问题,但设备体积较大。

2) 蒸发结晶法

蒸发结晶法是使溶液在常压(沸点温度下)或减压(低于正常沸点)下蒸发,部分溶剂汽化,从而获得过饱和溶液。此法主要适用于溶解度随温度的降低而变化不大的物系或具有逆溶解度变化的物系,如氯化钠及无水硫酸钠等。蒸发结晶法消耗的热能量最多,加热面的结垢问题也会使操作遇到困难,故除了对以上两类物系外,其他场合一般不采用。

3) 真空冷却结晶法

真空冷却结晶法是使溶液在较大的真空度下绝热蒸发,一部分溶剂被除去,溶液则因为溶剂汽化带走了一部分潜热而降低了温度。此法实质上是冷却与蒸发两种效应联合来产生过饱和度,适用于具有中等溶解度物系的结晶,如氯化钾、溴化镁等。该法所用的主体设备较简单,操作稳定,最突出之处是器内无换热面,因而不存在晶垢妨碍传热而需经常清洗的问题,且设备的防腐蚀问题也比较容易解决,操作人员的劳动条件好,劳动生产率高,是大规模生产中首先考虑采用的结晶方法。

4) 盐析结晶法

盐析结晶法是在混合液中加入盐类或其他物质以降低溶质的溶解度从而析出溶质的方法。加入的物质叫作稀释剂,它可以是固体、液体或气体,但要能与原来的溶剂互溶,又不能溶解要结晶的物质,且和原溶剂要易于分离。一个典型例子是由硫酸钠盐水生产 $Na_2SO_4 \cdot H_2O$,通过向硫酸钠盐水中加入氯化钠可降低 $Na_2SO_4 \cdot H_2O$ 的溶解度,从而提高 $Na_2SO_4 \cdot H_2O$ 的结晶产量。又如,向氯化铵母液中加盐(氯化钠),母液中的氯化铵因溶解度降低而结晶析出。还有,向有机混合液中加水,使其中不溶于水的有机溶质析出,这种盐析方法又称水析。

盐析的优点:直接改变固液相平衡,降低溶解度,从而提高溶质的回收率;结晶过程的温度比较低,可以避免加热浓缩对热敏物质的破坏;在某些情况下,杂质在溶剂与稀释剂的混合物中有较高的溶解度,较多地保留在母液中,有利于晶体的提纯。此法最大的缺点是需要配置回收设备,以处理母液,分离溶剂和稀释剂。

5) 反应沉淀结晶法

反应沉淀结晶法是液相中因化学反应生成的产物以结晶或无定形物析出的方法。例如,用硫酸吸收焦炉气中的氨生成硫酸铵、用盐水及窑炉气生产碳酸氢铵等并以结晶析出,经进一步固液分离、干燥后获得产品。

沉淀过程首先是反应产物达到过饱和状态,然后成核、晶体生长。与此同时,还往往包含了微小晶粒的成簇及熟化现象。显然,沉淀必须以反应产物在液相中的浓度超过溶解度为条件,此时的过饱和度取决于反应速率。因此,反应条件(包括反应物浓度、温度、pH 值及混合方式等)对最终产物晶粒的粒度和晶形有很大影响。

6) 升华结晶法

物质由固态直接发生相变而成为气态的过程称为升华,其逆过程是蒸气骤冷直接凝结成固态晶体,这就是工业上升华结晶的全部过程。工业上有许多纯度要求较高的产品,如碘、萘、蒽醌、氯化铁、水杨酸等都是通过这一方法生产的。

7) 熔融结晶法

熔融结晶是在接近析出物熔点的温度下,从熔融液体中析出组成不同于原混合物的晶体的操作,过程原理与精馏中因部分冷凝(或部分汽化)而形成组成不同于原混合物的液相相类似。在熔融结晶过程中,固液两相需经多级(或连续逆流)接触后才能获得高纯度的分离。

熔融结晶主要用于有机物的提纯、分离,以获得高纯度的产品。如将萘与杂质(甲基萘等)分离可制得纯度达 99.9% 的精萘,从混合二甲苯中提取纯对二甲苯,分离混合二氯苯获取纯对二氯苯等。熔融结晶的产物往往是液体或整体固相,而非颗粒。

5.9.4 结晶设备分类与选择

1) 结晶设备分类

结晶设备一般按改变溶液浓度的方法主要分为移除部分溶剂(浓缩)的结晶器和不

移除部分溶剂(冷却)的结晶器。

移除部分溶剂的结晶器主要是借助于一部分溶剂在沸点时的蒸发或在低于沸点时的汽化而达到溶液的过饱和析出结晶,适用于溶解度随温度的降低变化不大的物质的结晶,例如 NaCl、KCl 等。

不移除溶剂的结晶器则是采用冷却降温的方法使溶液达到过饱和而结晶(自然结晶或晶种结晶)的,并不断降温,以维持溶液一定的过饱和度进行结晶。此类设备用于温度对溶解度影响比较大的物质的结晶,例如 KNO_3、NH_4Cl 等。

结晶设备按操作方式不同可分为间歇式结晶设备和连续式结晶设备。间歇式结晶设备结构比较简单,结晶质量好,结晶收率高,操作控制比较方便,但设备利用率较低,操作劳动强度大。连续式结晶设备结构比较复杂,所得的晶体颗粒较细小,操作控制比较困难,消耗动力大,但设备利用率高,生产能力大。

结晶设备通常都装有搅拌器,搅拌作用既能使晶体颗粒保持悬浮和均匀分布于溶液中,又能提高溶质质点的扩散速度,以加速晶体长大。

2) 结晶设备选择

在结晶操作中应根据所处理物系的性质、杂质的影响、产品的粒度和粒度分布要求、处理量的大小、能耗、设备费用和操作费用等多种因素来考虑选择哪种结晶设备。

首先考虑的是溶解度与温度的关系。对于溶解度随温度降低而大幅度降低的物系可选用冷却结晶器或真空结晶器;对于溶解度随温度降低而降低很小、不变或少量上升的物系可选择蒸发结晶器。

其次考虑的是结晶产品的形状、粒度及粒度分布的要求。要想获得颗粒较大而且均匀的晶体,可选用具有粒度分级作用的结晶器。这类结晶器生产的晶体颗粒便于过滤、洗涤、干燥等后处理,从而可获得较纯的结晶产品。

5.9.5 结晶过程安全控制

由于结晶过程经常采用搅拌装置,因此结晶过程中要特别注意搅拌器的有关安全事项。

在结晶过程中,搅拌直接影响反应的混合程度和反应速度。搅拌速度快,物料与器壁、物料与搅拌器之间的相对运动速度也快。如果器壁或搅拌器是绝缘体(如搪玻璃),或虽非绝缘体但接地不良,则不可忽视产生静电的危险。一般容积大于 300 L、搅拌速度在 60 $r \cdot min^{-1}$ 以上,物料与搅拌器和器壁的相对运动速度可超过 1 $m \cdot s^{-1}$,如果物料的电阻率在 10^{12} $\Omega \cdot cm$ 左右(例如苯的电阻率为 4.2×10^{12} $\Omega \cdot cm$),则静电容易积聚和放电。当反应器内存在易燃液体蒸气和空气的爆炸性混合物时,火灾危险性特别大。为了防止这种危险,首先应该了解物料的性质和电阻率:如果物料易燃易爆,电阻率又在 $10^{10} \sim 10^{15}$ $\Omega \cdot cm$ 之间,应该控制搅拌转速,即反应器直径越大,搅拌速度应该越慢。1 000 L 以下的反应器,搅拌转速控制在 60 $r \cdot min^{-1}$ 以内;1 000 L 以上的反应器,转速还应减慢,否则应灌充惰性气体或改变工艺条件,例如加入电解质水溶液等物料将电阻率降到

$10^{10}\ \Omega \cdot cm$ 以下。

避免搅拌轴的填料函漏油,因为填料函中的油漏入反应器会发生危险。例如进行硝化反应时,反应器内有浓硝酸,如有润滑油漏入,则油在浓硝酸的作用下氧化发热,使反应物料温度升高,可能发生冲料和燃烧爆炸。当反应器内有强氧化剂存在时,也有类似危险。

对于危险、易燃物料不得中途停止搅拌,因为搅拌停止时,物料不能充分混匀,反应不良,且大量积聚;而当搅拌恢复时,大量未反应的物料迅速混合,反应剧烈,往往造成冲料,有燃烧、爆炸的危险。如因故障而导致搅拌停止,应立即停止加料,迅速冷却;恢复搅拌时,必须待温度平稳、反应正常后方可继续加料,恢复正常操作。

搅拌器应定期维修,严防搅拌器断落造成物料混合不均匀,最后突然反应而发生猛烈冲料,甚至爆炸起火;搅拌器应灵活,防止卡死引起电动机温升过高而起火;搅拌器应有足够的机械强度,以防止因变形而与反应器器壁摩擦造成事故。

思考题

1. 试比较离心泵与往复泵的异同点。
2. 简述如何安全地干燥潮湿的烟花爆竹。
3. 简述减压蒸馏的原理及其安全要点。
4. 化工生产中常见的冷冻剂有哪几种？试分别简述其具有的危险性。
5. 吸收操作中,吸收剂的安全选择应遵循哪些原则？
6. 试简述吸收操作的安全要点。
7. 液-液萃取的工作原理是什么？在萃取操作中,如何有效减少返混现象的发生？
8. 化工生产中,结晶操作主要有哪些注意事项？

6 化工常用特种设备安全技术

特种设备,是指对人身和财产安全有较大危险性的锅炉、压力容器(含气瓶)、压力管道、电梯、起重机械、客运索道、大型游乐设施和场(厂)内专用机动车辆等。压力容器、压力管道、锅炉是化工企业生产中常用的特种设备。这些设备宽广的操作范围,包括压力、温度、介质、周围环境等,使其在设计、使用和管理等方面与一般设备不同,尤其在安全性方面的要求更为苛刻和严格。

本章主要介绍压力容器、压力管道、气瓶、锅炉等化工常用特种设备的相关知识。

6.1 压力容器安全基础知识

压力容器是工业生产中不可缺少的一种设备。压力容器不仅数量多,增长速度快,而且类型复杂,发生事故的可能性较大。

压力容器规定为最高工作压力大于或者等于 0.1 MPa(表压),容积大于或者等于 25 L,且压力与容积的乘积大于或者等于 2.5 MPa·L 的盛装气体、液化气体和最高工作温度高于标准沸点的液体的固定式容器和移动式容器;盛装公称工作压力大于或者等于 0.2 MPa(表压),且压力与容积的乘积大于或者等于 1.0 MPa·L 的气体、液化气体和标准沸点等于或者低于 60 ℃ 的液体的气瓶、氧舱等。

6.1.1 压力容器的分类

1)按用途分类

压力容器按用途可分为以下四类。

(1)反应压力容器

反应压力容器主要是指用于完成介质的物理、化学反应的压力容器,如反应器、发生器、聚合釜、合成塔等。这类容器的代号为 R。

(2)换热压力容器

换热压力容器主要是指用于完成介质的热量交换的压力容器,如热交换器、冷却器、冷凝器、蒸发器、加热器等。这类容器的代号为 E。

(3)分离压力容器

分离压力容器主要是指用于完成介质的流体压力平衡,气体净化、分离等的压力容器,如分离器、过滤器、集油器、缓冲器、洗涤塔等。这类容器的代号为 S。

(4) 储运压力容器

储运压力容器主要是指用于盛装生产的原料气体、液体、液化气体的压力容器,如各种形式的储罐。这类容器的代号为 C,其中球罐代号为 B。

2) 按压力分类

按所承受压力的高低,压力容器可分为低压、中压、高压、超压四个等级。

(1) 低压容器:$0.1 \text{ MPa} \leq p < 1.6 \text{ MPa}$。

(2) 中压容器:$1.6 \text{ MPa} \leq p < 10 \text{ MPa}$。

(3) 高压容器:$10 \text{ MPa} \leq p < 100 \text{ MPa}$。

(4) 超高压容器:$p \geq 100 \text{ MPa}$。

3) 按容器的安全性综合分类

我国实行的《压力容器安全技术监察规程》(简称《容规》,下同)根据容器压力的高低、介质的危害程度及在使用中的重要性,将压力容器分为以下三类。

(1) 第三类压力容器

符合下列情况之一的为第三类压力容器:高压容器;中压容器(仅限毒性程度为极高和高度危害的介质);中压储存容器(仅限易燃或毒性程度为中度危害的介质,且 pV 大于或等于 $10 \text{ MPa} \cdot \text{m}^3$);中压反应容器(仅限易燃或毒性程度为中度危害的介质,且 pV 大于或等于 $0.5 \text{ MPa} \cdot \text{m}^3$);低压容器(仅限毒性程度为极度和高度危害的介质,且 pV 大于或等于 $0.2 \text{ MPa} \cdot \text{m}^3$);高压、中压管壳式余热锅炉;中压搪玻璃压力容器;使用强度级别较高(指相应标准中抗拉强度规定值下限大于或等于 540 MPa)的材料制造的压力容器;移动式压力容器,包括铁路罐车(介质为液化气体、低温液体)、罐式汽车[液化气体运输(半挂)车、低温液体运输(半挂)车、永久气体运输(半挂)车]和罐式集装箱(介质为液化气体、低温液体)等;球形储罐(容积大于或等于 50 m^3);低温液体储存容器(容积大于 5 m^3)。

(2) 第二类压力容器

符合下列情况之一的为第二类压力容器:中压容器;低压容器(仅限毒性程度为极度和高度危害的介质);低压反应容器和低压储存容器(仅限易燃或毒性程度为中度危害的介质);低压管壳式余热锅炉;低压搪玻璃压力容器。

(3) 第一类压力容器

低压容器为第一类压力容器。

6.1.2 压力容器的主要受压元件及安全附件

压力容器的主要部件是一个能承受压力的壳体及必要的连接件和密封件。压力容器的主要受压元件是:压力容器的筒体、封头(端盖)、人孔盖、人孔法兰、人孔接管、膨胀节、开孔补偿圈、设备法兰;球罐的球壳板;换热管;M36 的设备主螺栓和公称直径大于或等于 250 mm 的接管及管法兰。

压力容器的安全附件包括安全阀、爆破片装置、紧急切断装置、压力表、液面计、测温仪表、快开门式压力容器的安全联锁装置等,都应符合《容规》的规定,不合格的安全附件禁止使用。

6.1.3 压力容器的破坏形式

压力容器或其承压部件在使用过程中,其尺寸、形状或材料性能会发生改变而完全失去或不能良好地实现原定的功能,或在继续使用过程中失去可靠性和安全性,因而需要立即停用进行修理或更换,称为压力容器或其承压部件的失效。压力容器最常见的失效形式是破裂失效。破裂有韧性破裂、脆性破裂、疲劳破裂、腐蚀破裂和蠕变破裂。

(1) 韧性破裂

韧性破裂是指容器壳体承受过高的应力,以致超过或远远超过其屈服极限和强度极限,使壳体产生较大的塑性变形,最终导致破裂。

韧性破裂主要特征为断口有缩颈,断面与主应力方向成45°角,有较大的剪切痕,断面一般呈暗灰色纤维状,韧性破坏时不产生碎片。

(2) 脆性破裂

脆性破裂从压力容器的宏观变形观察,并不表现出明显的塑性变形,常发生在截面不连续处,并伴有表面缺陷或内部缺陷,即常发生在严重的应力集中处。因此,把容器未发生明显塑性变形就被破坏的破裂形式称为脆性破裂。

压力容器发生脆性破裂时,在破裂形状、断口形式等方面都具有一些与韧性破裂正好相反的特征:容器器壁几乎没有塑性变形;在应力低于材料的屈服强度时发生破坏;容器常常裂成碎块;断口呈具有金属光泽的结晶状,平直。

(3) 疲劳破裂

疲劳破裂是压力容器常见的一种破裂形式。压力容器的疲劳破裂绝大多数属于金属的低周疲劳,即承受较高的交变应力,而应力交变的次数并不是太多。一般情况下,压力容器的承压部件在长期反复交变载荷作用下,在应力集中处产生微裂纹,随着交变载荷的继续作用,裂纹逐渐扩大,导致破裂。

容器发生疲劳破裂时,没有明显的塑性变形,破坏总是产生在应力集中的地方,只产生开裂,不产生碎片。从裂纹的形成、扩展到破坏有一个较为缓慢的发展过程,破坏总是经过长期的反复载荷作用后发生,应力低于抗拉强度,断面呈两个区域,即裂纹的形成和扩展区与脆断区。

(4) 腐蚀破裂

压力容器的腐蚀破裂都是应力腐蚀。压力容器的应力腐蚀破裂是指容器壳体由于受到腐蚀介质的腐蚀而发生破裂,是在腐蚀介质和拉伸应力的共同作用下产生的。

引起应力腐蚀的应力必须是拉应力,且应力可大可小,极低的应力水平也可能导致应力腐蚀破坏。纯金属不发生应力腐蚀,但几乎所有的合金在特定的腐蚀环境中都会产生应力腐蚀裂纹。极少量的合金或杂质都会使材料产生应力腐蚀。各种工程材料几乎都有应力腐蚀敏感性。应力腐蚀是一个电化学腐蚀过程,包括应力腐蚀裂纹萌生、稳定扩展、失稳扩展等阶段,失稳扩展即造成应力腐蚀破裂。

(5) 蠕变破裂

蠕变是指金属材料在应力和高温的双重作用下产生的缓慢而连续的塑性变形。承压部件长期在能导致金属蠕变的高温下工作,壁厚会减薄,材料的强度有所降低,严重时会导致压力容器的高温部件发生蠕变破裂。

材料发生蠕变破裂时,一般都有明显的塑性变形,断口表面形成一层氧化膜。

6.2 锅炉

锅炉是指利用各种燃料、电或其他能源,将所盛装的液体加热到一定的参数,并承载一定压力的密闭设备,其范围规定为:容积 $V \geqslant 30$ L 的承压蒸汽锅炉;出口水压 $p \geqslant 0.1$ MPa(表压),且额定功率 $N \geqslant 0.1$ MW 的承压热水锅炉;有机热载体锅炉。

6.2.1 锅炉的分类

锅炉有多种分类方式。按载热介质,锅炉可分为蒸汽锅炉、热水锅炉、汽水两用锅炉、热风锅炉、有机热载体锅炉;按结构形式,锅炉可分为火管锅炉、水管锅炉、水火管锅炉、热管锅炉和真空锅炉;按用途不同,锅炉可分为电站锅炉、工业锅炉、机车锅炉、船舶锅炉、生活锅炉;按压力等级,锅炉可分为低压锅炉、中压锅炉、高压锅炉、超高压锅炉、亚临界压力锅炉、超临界压力锅炉;按安装方式,锅炉可分为固定式锅炉和移动式锅炉。

6.2.2 锅炉的常见事故及处理

1) 水位异常

(1) 缺水

缺水事故是最常见的锅炉事故。当锅炉水位低于最低许可水位时称作缺水。在缺水后锅筒和钢管被烧红的情况下,若大量上水,水接触到烧红的锅筒和锅管会产生大量蒸汽,气压急剧上升,会导致锅炉烧坏,甚至爆炸。

引起缺水的主要原因:违规脱岗、工作疏忽、判断错误或误操作;水位测量或警报系统失灵;自动给水控制设备故障;排污不当或排污设施故障;加热面损坏;负荷骤变;炉水含盐量过大。

预防措施:严密监视水位,定期校对水位计和水位报警器,发现缺陷及时消除;注意对缺水现象的观察,缺水时水位计玻璃管(板)呈白色;严重缺水时严禁向锅炉内给水;注意监视和调整给水压力和给水流量,与蒸汽流量相适应;排污应按规程规定,每开一次排污阀,时间不超过 30 s,排污后关紧阀门,并检查排污是否泄漏;监视汽水品质,控制炉水含量。

(2) 满水

满水事故是锅炉水位超过了最高许可水位时发生的,也是常见事故之一。满水事故会引起蒸汽管道发生水击,易把锅炉本体、蒸汽管道和阀门震坏。此外,满水时蒸汽携带大量炉水,使蒸汽品质恶化。

引起满水的主要原因:操作人员疏忽大意,违章操作或误操作;水位计和水柱塞阀缺陷及水连管堵塞;自动给水控制设备故障或自动给水调节器失灵;锅炉负荷降低,未及时减少给水量。

处理措施:轻微满水时,应关小鼓风机和引风机的调节门,使燃烧减弱;停止给水,开启排污阀门放水;直到水位正常,关闭所有放水阀,恢复正常运行。严重满水时,首先应按紧急停炉程序停炉;停止给水,开启排污阀门放水;开启蒸汽母管及过热器疏水阀门,迅速疏水;水位正常后,关闭排污阀门和疏水阀门,再生火运行。

2)汽水共沸

汽水共沸是锅炉内水位波动幅度超出正常情况,水面翻腾程度异常剧烈的一种现象。其后果是蒸汽大量带水,使蒸汽品质下降;易发生水冲击,使过热器管壁上积附盐垢,影响传热而使过热器超温,严重时会烧坏过热器而引发爆管事故。

引起汽水共沸的主要原因:锅炉水质没有达到标准;没有及时排污或排污不够,造成锅水中盐碱含量过高;锅水中油污或悬浮物过多;负荷突然增加。

处理措施:降低负荷,减少蒸发量;开启表面连续排污阀,降低锅水含盐量;适当增加下部排污量,增加给水,使锅水不断调换新水。

3)燃烧异常

燃烧异常主要体现为在烟道尾部发生二次燃烧和烟气爆炸,多发生在燃油锅炉和煤粉锅炉内。燃烧异常是由于没有燃尽的可燃物附着在受热面上,在一定的条件下,重新着火燃烧。尾部燃烧常将省煤器、空气预热器甚至引风机烧坏。

引起二次燃烧的原因:煤粉、油等可燃物能够沉积在对流受热面上是因为燃油雾化不好,或煤粉粒度较大,不易完全燃烧而进入烟道;点火或停炉时,炉膛温度太低,易发生不完全燃烧,大量未燃烧的可燃物被烟气带入烟道;炉膛负压过大,燃料在炉膛内停留时间太短,来不及燃烧就进入烟道尾部。

烟道尾部温度过高的原因:尾部受热面沾上可燃物后,传热效率低,烟气得不到冷却;可燃物在高温下氧化放热;在低负荷特别是在停炉的情况下,烟气流速很低,散热条件差,可燃物氧化产生的热量积蓄起来,温度不断升高,引起自燃;烟道各部分的门、孔或风挡门不严,漏入新鲜空气助燃。

处理措施:立即停止供给燃料,实行紧急停炉,严密关闭烟道、风挡板及各门孔,防止漏风,严禁开引风机;尾部投入灭火装置或用蒸汽吹灭器进行灭火;加强锅炉的给水和排水,保证省煤器不被烧坏;待灭火后方可打开门孔进行检查;确认可以继续运行后,先开启引风机 10~15 min,再重新点火。

4)承压部件损坏

(1)锅管爆破

锅炉运行中,冷水壁管和对流管爆破是较常见的事故,性质严重,甚至造成伤亡,需停炉检修。爆破时有显著声响,爆破后有喷汽声;水位迅速下降,蒸汽压力、给水压力、排烟温度均下降;火焰发暗,燃烧不稳定或被熄灭。发生此项事故时,如仍能维持正常水位,可紧急通知有关部门后再停炉;如水位、蒸汽压力均不能保持正常,必须按程序紧急停炉。

引起锅管爆裂的原因:一般是水质不符合要求,管壁结垢、受腐蚀或受飞灰磨损变薄;升火过猛,停炉过快,使锅炉受热不均匀,造成焊口破裂;下集箱积泥垢未排出,阻塞锅炉水循环,锅管得不到冷却而过热爆破。

预防措施:加强水质监督;定期检查锅管;按规定升火、停炉;防止超负荷运行。

(2) 过热器管道损坏

过热器管道损坏时,有以下现象:过热器附近有蒸汽喷出的响声;蒸汽流量不正常,给水量明显增加;炉膛负压降低或产生正压,严重时从炉膛喷出蒸汽或火焰;排烟温度显著下降。

引起这类事故的原因:一般是水质不良,或水位长期偏高,过热器长期超温使用;也可能是烟气偏流使过热器局部超温;检修不良,使焊口损坏或水压试验后管内积水。

处理措施:事故发生后,如损坏不严重,生产又需要,可待备用炉启用后再停炉,但必须密切关注,不能使损坏恶化;如损坏严重,则必须立即停炉;控制水、汽品质;防止热偏差;注意疏水;注意安全检修质量。

(3) 省煤器管道损坏

沸腾式省煤器出现裂纹和非沸腾式省煤器弯头法兰处泄漏是最常见的损坏事故,最易造成锅炉缺水。事故发生后,水位不正常下降;省煤器有泄漏声;省煤器下部的灰斗有湿灰,严重者有水流出;省煤器出口处烟温下降。

引起事故的原因:给水质量差,水中溶有氧和二氧化碳,发生内腐蚀;经常积灰、潮湿而发生外腐蚀;给水温度变化大,引起管道裂缝;管道材质不好。

处理措施:控制给水质量,必要时装设除氧器;及时吹铲积灰;定期检查,做好维护保养工作。对沸腾式省煤器,要加大给水量,降低负荷,待备用炉启用后再停炉;若不能维持正常水位应紧急停炉,并利用旁路给水系统尽力维持水位,但不允许打开省煤器再循环系统阀门。对非沸腾式省煤器,要开启旁路阀门,关闭出入口的风门,使省煤器与高温烟气隔绝;打开省煤器旁路给水阀门。

6.2.3 锅炉的安全使用

水是锅炉的主要工质,水质优劣直接影响着锅炉设备的安全经济运行。根据锅炉事故分析,水质不良造成的锅炉事故占锅炉事故总数的40%以上。因此,在锅炉运行管理中,必须做好水处理及水垢的清除工作。

1) 杂质的危害及处理

天然水中含有大量杂质,未经处理的水应用于锅炉,容易形成水垢,腐蚀锅炉,恶化蒸汽质量等。各种杂质对锅炉的危害主要表现在以下方面。

①氧。水中溶解氧是锅炉腐蚀的主要原因。存在于水中的氧对金属具有腐蚀作用,水温在 60~80 ℃时还不足以把氧从水中驱除,而氧腐蚀速率却大大提高。水的 pH 值对氧腐蚀有很大影响,pH<7 时,促使溶解氧的腐蚀;pH>10 时,氧腐蚀基本停止。

②二氧化碳。水中的二氧化碳是使氧腐蚀加剧的催化剂,含量较高时呈酸性,对金属有强烈的腐蚀作用。

③硫化氢。水中的硫化氢会引起锅炉的严重腐蚀。

④钙、镁。水中的钙、镁一般以碳酸氢盐、盐酸盐、硫酸盐的形式存在,是造成锅炉受热面结垢的主要原因。

⑤氯离子。因为氯离子会对锅炉造成腐蚀,所以一般锅炉给水都会要求氯离子低于一定浓度,但 GB 1576—2008《工业锅炉水质》对于给水中的氯离子浓度却无明确要求。一般炉水的氯离子浓度须控制在小于 400 mg·L^{-1},给水小于 30 mg·L^{-1}即可。

⑥二氧化硅。二氧化硅能和钙、镁离子形成非常坚硬、不易清除的水垢。

⑦硫酸根。给水中的硫酸根进入锅炉后与钙、镁结合,在受热面上生成石膏质水垢。

⑧其他杂质。碳酸钠、重碳酸钠(即碳酸氢钠)进入锅炉后,受热分解,生成氢氧化钠使炉水碱度增加,分解产物中的二氧化碳又是一种腐蚀性气体。炉水碱度过高会引起汽水共沸,并产生腐蚀。

为了降低上述各种杂质对锅炉的危害,必须对锅炉用水进行处理。水处理包括锅炉外水处理和锅炉内水处理两个步骤。

(1)锅炉外水处理

天然水中的悬浮物质、胶体物质以及溶解的高分子物质,可通过凝聚、沉淀、过滤处理;水中溶解的气体可通过脱气的方法去除;水中溶解的盐类常用离子交换法和加药法等进行处理。

(2)锅炉内水处理

向锅炉用水中投入软水药剂,把水中的杂质变成排污时能排掉的泥垢,防止水中的杂质引起结垢。此法对低压锅炉防垢效率可达 80% 以上;对压力稍高的锅炉效果不大,但可作为辅助处理方法。

2)水垢的危害及清除

锅炉水垢按其主要组分可分为碳酸盐水垢、硫酸盐水垢、硅酸盐水垢和混合水垢。碳酸盐水垢主要沉积在温度不高和蒸发率不大的部位及省煤器、给水加热器、给水管道中;硫酸盐水垢(又称石膏质水垢)主要沉积在温度最高和蒸发率最大的受热面上;硅酸盐水垢主要沉积在受热强度较大的受热面上。硅酸盐水垢十分坚硬,难清除,导热系数很小,对锅炉危害最大。由硫酸钙、碳酸钙、硅酸钙、碳酸镁、硅酸镁、铁的氧化物等组成的水垢称混合水垢,其组分不同,性质差异很大。

水垢不仅浪费能源,而且严重威胁锅炉安全。水垢的导热系数比钢材小得多,所以水垢能使传热效率明显下降,排烟温度上升,锅炉热效率降低。由于结垢,需要定期拷铲或化学除垢,而除垢会引起机械损伤或化学腐蚀,缩短锅炉寿命。而且,结垢也是锅炉受热面过热变形或爆裂的主要原因。

无论采用哪种方法处理水垢,都不能绝对清除水中的杂质,在锅炉运行中不可避免地会有水垢生成。因此,除采用合理的水处理方法外,还要及时清除锅炉内产生的水垢。常用的清除水垢的方法有以下三种。

(1)手工除垢

手工除垢是指采用特制的刮刀、铲刀及钢丝刷等专用工具清除水垢。这种方法只适用于清除面积小、结构不紧凑的锅炉结垢,对于水管锅炉和结构紧凑的火管锅炉管束上的结垢,则不易清除。

(2)机械除垢

机械除垢主要采用电动洗管器和风动除垢器。电动洗管器主要用于清除管内水垢,风动除垢器常用的有空气锤和压缩空气枪。

(3)化学除垢

化学除垢常称为水垢的"化学清洗",是目前较经济、有效、迅速的除垢方法。化学清洗是利用化学反应将水垢溶解除去的方法,清洗过程是水垢与化学清洗剂反应,不断溶解,不断被水带走的过程。由于所加的化学清洗剂及其反应性质不同,有不同的化学清洗方法。主要有盐法、酸法、碱法、螯合剂法、氧化法、还原法、转化法等。目前使用较多的是酸法和碱法。

6.3 气瓶

气瓶是指在正常环境下($-40 \sim 60$ ℃)可重复充气使用,公称工作压力为$1.0 \sim 30$ MPa(表压),公称容积为$0.4 \sim 1\,000$ L的盛装永久性气体、液化气体或溶解气体的移动式压力容器。

6.3.1 气瓶的分类

1)按制造方法分类

按制造方法,气瓶可分为以下四类。

(1)焊接气瓶

焊接气瓶由用薄钢板卷焊的圆柱形筒体和两端的封头组焊而成。焊接气瓶多用于盛装低压液化气体,例如液化二氧化硫等。

(2)管制气瓶

管制气瓶是用无缝钢管制成的无缝气瓶。它两端的封头是将钢管加热放在专用机床上通过旋压或挤压等方式收口成形的。

(3)冲拔拉伸制气瓶

它是将钢锭加热后先冲压出凹形封头,后经过拉拔制成敞口的瓶坯,再按照管制气瓶的方法制成顶封头及接口管等。

(4) 缠绕式气瓶

此气瓶是由铝制的内筒和内筒外面缠绕一定厚度的无碱玻璃纤维构成的。铝制内筒的作用是保证气瓶的气密性。气瓶的承压强度依靠内筒外面缠绕成一体的玻璃纤维壳壁(用环氧酚醛树脂等作为黏结剂)。壳体纤维材料容易"老化",所以使用寿命一般不如钢制气瓶。

2) 按盛装介质的物理状态分类

气瓶可按盛装介质的物理状态分为以下三类。

(1) 永久性气体气瓶

临界温度低于 $-10\ ℃$ 的气体称为永久性气体,盛装永久性气体的气瓶称为永久性气体气瓶。例如盛装氧气、氮气、空气、一氧化碳及惰性气体等的气瓶均属此类。其常用标准压力系列为 15 MPa、20 MPa、30 MPa。

(2) 液化气体气瓶

临界温度等于或高于 $-10\ ℃$ 的各种气体,它们在常温、常压下呈气态,而经加压和降温后变为液体。在这些气体中,有的临界温度较高(高于 70 ℃),如硫化氢、氨、丙烷、液化石油气等,称为高临界温度液化气体,也称为低压液化气体。储存这些气体的气瓶为低压液化气体气瓶。在环境温度下,低压液化气体始终处于气液两相共存状态,其气相的压力是相应温度下该气体的饱和蒸气压。按最高工作温度为 60 ℃ 考虑,所有高临界温度液化气体的饱和蒸气压均在 5 MPa 以下,所以,这类气体可用低压气瓶充装。其标准压力系列为 1.0 MPa、1.6 MPa、2.0 MPa、3.0 MPa、5.0 MPa。

有的液化气体的临界温度较低,在 $-10\ ℃ \leqslant t \leqslant 70\ ℃$ 的范围内,如二氧化碳、氯化氢、乙烯、乙烷等。这些液化气体称为低临界温度液化气体,也称为高压液化气体。储存这些气体的气瓶为高压液化气体气瓶。这类气体在环境温度下可能呈气液两相状态,也可能完全呈气态,因而也要求以较高的压力充装。标准压力系列为 8 MPa、12.5 MPa、15 MPa、20 MPa。

(3) 溶解气体气瓶

这种气瓶是专门用于盛装乙炔的气瓶。由于乙炔气体极不稳定,特别是在高压下,很容易聚合或分解,液化后的乙炔稍有振动即会引起爆炸,所以不能以压缩气体状态充装,必须把乙炔溶解在溶剂(常用丙酮)中,并在内部充满多孔物质(如硅酸钙多孔物质等)作为吸收剂。溶解气体气瓶的最高工作压力一般不超过 3.0 MPa,其安全问题具有特殊性,如乙炔气瓶内的丙酮喷出,会引起乙炔气瓶带静电,造成燃烧、爆炸、丙酮消耗量增加等危害。

6.3.2 钢制气瓶的结构

钢制气瓶大部分是 40 L 的无缝钢制气瓶和容积较大的焊接钢制气瓶。气瓶一般由瓶体、瓶阀、瓶帽、底座、防震圈组成。焊接钢瓶还有护罩。

1)瓶体

40 L 的无缝钢制气瓶的瓶体大多数用碳素钢坯经冲压、拉伸等方法制成。为了便于平衡直立,其底部用热套方法加装筒状或四角状底座。

焊接钢制气瓶的公称直径较大,承压较低。它由两个封头和一个筒体组成,两头焊有大小护罩,为了满足钢瓶直立的需要,护罩上开有吊孔。

2)瓶阀

瓶阀是气瓶的主要附件,用以控制气体的进出,因此要求其体积小,强度高,气密性好,可靠耐用。瓶阀由阀体、阀杆、阀瓣、密封件、压紧螺母、手轮以及易熔合金塞、爆破膜等组成。

3)瓶帽

为了保护瓶阀免受损伤,瓶阀上必须佩戴合适的瓶帽。瓶帽用钢管、可锻铸铁或球墨铸铁等材料制成。瓶帽上开有对称的排气孔,避免当瓶阀损坏时气体由瓶帽一侧排出产生反作用力推倒气瓶。

4)防震圈

防震圈是由橡胶或塑料制成的厚 25~30 mm 的弹性圆圈。每个气瓶上套两个,当气瓶受到撞击时,能吸收能量,减轻震动,并有保护瓶体标志和漆色不被磨损的作用。

5)气瓶的漆色和标志

为了便于识别气瓶所充填气体的种类和气瓶的压力范围,避免在充装、运输、使用和定期检验时混淆而发生事故,国家对气瓶的漆色和字样做了明确的规定,见表6-1。

打在气瓶肩部的符号和数据钢印叫气瓶标志。对各种颜色、字样、数据和标志的部位、字型等都有明确的规定。

表6-1　几种常见气瓶的漆色

气体名称	化学式	外表面颜色	字样	字样颜色	色环
氢	H_2	深绿	氢	红	$p=14.7$ MPa,不加色环; $p=19.6$ MPa,黄色环一道; $p=29.4$ MPa,黄色环两道
氨	NH_3	黄	液氨	黑	
氯	Cl_2	草绿	液氯	白	
氧	O_2	天蓝	氧	黑	$p=14.7$ MPa,不加色环; $p=19.6$ MPa,白色环一道; $p=29.4$ MPa,白色环两道
空气	—	黑	空气	白	$p=14.7$ MPa,不加色环; $p=19.6$ MPa,白色环一道; $p=29.4$ MPa,白色环两道
氮	N_2	黑	氮	黄	
硫化氢	H_2S	白	液化硫化氢	红	

续表

气体名称	化学式	外表面颜色	字样	字样颜色	色环
二氧化碳	CO_2	铝白	液化二氧化碳	黑	$p=14.7$ MPa,不加色环；$p=19.6$ MPa,黑色环—道

6.3.3 气瓶的安全管理及使用

1) 气瓶的充装

气瓶的正确充装是保证气瓶安全使用的关键之一。充装不当,如气体混装、超量充装都是危险的。

气体混装是指同一气瓶装入两种气体或液化气体。最常见的混装现象是氧气等助燃气体与可燃气体混装,如原来充装可燃气(如氢、甲烷等)的气瓶,未经过置换、清洗等处理,并且瓶内还有余气,又用来充装氧气。若此两种介质在适宜的条件下发生化学反应,将会造成严重的爆炸事故。因此,绝不允许气体混装。

超装也是气瓶破裂爆炸的常见原因。充装过量的气瓶受到周围环境温度的影响,尤其是在夏天,气瓶内的液化气体因升温体积迅速膨胀,使瓶内压力急剧增大,造成气瓶破裂爆炸。

为防止气瓶超装,应做好以下方面的工作。充装工作应由专人负责,充装人员应定期接受安全教育和考核;充装人员应认真操作,不得擅自离岗,同时注意抽空余液,核实瓶重。用于液化气体灌装的称量器具至少每3个月校验1次,所用称量器具的最大称量值为常用量值的1.5~3倍。按瓶立卡,认真记录。灌装钢瓶应有专人负责重复过磅。装置自动计量设备的,超量能自动报警并切断阀门。

2) 气瓶的安全使用

防止气瓶受热。使用中的气瓶不应放在烈日下暴晒,不要靠近火源及高温区,距明火不应小于10 m;不得用高压蒸汽直接喷吹气瓶;禁止用热水解冻及明火烘烤,严禁用温度超过40 ℃的热源对气瓶加热。

气瓶立放时应采取防止倾倒的措施;开阀时要慢慢开启,防止附件升压快产生高温;对可燃气体的气瓶,不能用钢制工具等敲击钢瓶,防止产生火花;氧气瓶的瓶阀及其附件不得沾油脂,手或手套上沾有油污后,不得操作氧气瓶。

气瓶使用到最后应留有余气,主要用以防止混入其他气体或杂质而造成事故。气瓶用于有可能产生回流(倒灌)的场合,必须有防止倒灌的装置,如单向阀、止回阀、缓冲罐等。液化石油气气瓶内的残余油气,应用有安全措施的设施回收,不得自行处理。

加强气瓶的维护。气瓶外壁的油漆层既能防腐,又是识别的标志,可防止误用和混装,要保持好漆面的完整和标志的清晰。瓶内混进水分会加速气瓶内壁的腐蚀,在充装前一定要对气瓶进行干燥处理。

气瓶使用单位不得自行改变充装气体的品种、擅自更换气瓶的颜色标志。确实需要更换时应提出申请,由气瓶检验单位负责对气瓶进行改装。负责改装的单位根据气瓶制造钢印标志和安全状况,确定气瓶是否适合于所要换装的气体。改装时,应对气瓶的内部进行彻底清理、检验、打钢印和涂检验标志,换装相应的附件,更换改装气体的字样、色环和颜色。

3) 气瓶的定期检验

对各类气瓶的检验周期有如下规定。

①盛装腐蚀性气体的气瓶,每 2 年检验 1 次。

②盛装一般气体的气瓶,每 3 年检验 1 次。

③液化石油气瓶,使用未超过 20 年的,每 5 年检验 1 次;超过 20 年的,每 2 年检验 1 次。

④盛装惰性气体的钢瓶,每 5 年检验 1 次。

⑤低温绝热气瓶,每 3 年检验 1 次。

⑥车用液化石油气钢瓶每 5 年检验 1 次,车用压缩天然气钢瓶每 3 年检验 1 次。汽车报废时,车用气瓶在使用过程中发现有严重腐蚀、损伤或对其安全可靠性有怀疑的,应提前进行检验。库存和停用时间超过一个检验周期的气瓶,启用前进行检验。

6.4 管道

在化工生产过程中,几乎所有的化工设备之间都是用管道相连接的,用以输送和控制流体介质。在某些情况下,管道本身也同化工设备一样能完成某些化工过程,即所谓的管道化生产。所以,化学品生产企业的工业管道同化工设备一样是化工生产装置中不可缺少的组成部分,而工业管道大部分属于压力管道范畴。

6.4.1 化工管道分类

根据管道输送介质的种类、性质、压力、温度以及管道材质的不同,化工管道可按下列方法分类。

1) 按管道输送的介质种类分类

按管道输送的介质种类,化工管道可分为液化石油气管道、原油管道、氢气管道、水管道、蒸汽管道、工艺管道等。

2) 按管道的设计压力分类

按管道的设计压力,化工管道可分为真空管道、低压管道、中压管道、高压管道等。管道的压力等级划分如表 6-2 所示。

表 6-2 管道的压力等级划分

级别名称	压力 p/MPa	级别名称	压力 p/MPa
真空管道	$p<0$	中压管道	$1.6 \leqslant p < 10$
低压管道	$0 \leqslant p < 1.6$	高压管道	$10 \leqslant p < 100$

工作压力 $p \geqslant 9.0$ MPa，且工作温度 $t \geqslant 500$ ℃ 的蒸汽管道可升级为高压管道。

3) 按管道的材质分类

按管道的材质，化工管道可分为铸铁管、碳钢管、合金钢管、有色金属和非金属（如塑料、陶瓷、水泥、橡胶等）管。有时为了防腐蚀，把耐腐蚀材料衬在管子内壁上，称为衬里管。

4) 按管道的综合因素分类

按管道所承受的最高工作压力、温度、介质和材料等因素综合考虑，将化工管道分为 Ⅰ、Ⅱ、Ⅲ、Ⅳ、Ⅴ 类。这种分类方法比较科学，且有利于加强安全技术管理和监察。具体分类如表 6-3 所示。

表 6-3 化工管道综合分类

管道材质	工作温度 t/℃	最高工作压力 p_w/MPa				
		Ⅰ类	Ⅱ类	Ⅲ类	Ⅳ类	Ⅴ类
碳素钢	≤370	$p_w \geqslant 32$	$10 \leqslant p_w < 32$	$4 \leqslant p_w < 10$	$1.6 \leqslant p_w < 4$	$p_w < 1.6$
	>370	$p_w \geqslant 10$	$4 \leqslant p_w < 10$	$1.6 \leqslant p_w < 4$	$p_w < 1.6$	—
合金钢及不锈钢	−196~450	$p_w \geqslant 10$	$4 \leqslant p_w < 10$	$1.6 \leqslant p_w < 4$	$p_w < 1.6$	—
	≥450	p_w 任意	—	—	—	—

注：① 介质毒性程度为 Ⅰ、Ⅱ 级的管道划分为 Ⅰ 类管道。

② 穿越铁路干线、公路干线、重要桥梁、住宅区及工厂重要设施的甲、乙类火灾危险物质和介质毒性为 Ⅲ 级以上的管道，其穿越部分划分为 Ⅰ 类管道。

③ 石油气（包括液态烃）、氢气管道和低温系统管道至少划分为 Ⅲ 类管道。

④ 甲、乙类火灾危险物质，Ⅲ 级毒性物质和具有腐蚀性介质的管道，均应升高一个类别。

⑤ 介质毒性程度参照 GB 5044《职业性接触毒物危害程度分级》的规定分为 4 级，其最高容许浓度分别为：

Ⅰ 级（极度危害） < 0.1 mg·m^{-3}；　　　Ⅱ 级（高度危害） $0.1 \sim < 1.0$ mg·m^{-3}；

Ⅲ 级（中度危害） $1.0 \sim < 10$ mg·m^{-3}；　　Ⅳ 级（轻度危害） $\geqslant 10$ mg·m^{-3}。

Ⅰ、Ⅱ 级——氟、氢氰酸、光气、氟化氢、碳酰氟、氯等。

Ⅲ 级——二氧化硫、氨、一氧化碳、氯乙烯、甲醇、氧化乙烯、硫化乙烯、二硫化碳、乙炔、硫化氢等。

Ⅳ 级——氢氧化钠、四氟乙烯、丙酮等。

6.4.2 管道的操作、检查和检测

1) 管道的操作

压力管道是连接机械和设备的工艺管道，应列入相应的机械和设备的操作岗位，由机械和设备操作人员统一操作和维护。操作人员必须熟悉高压工艺管道的工艺流程、工艺参数和结构。操作人员培训、教育、考核必须有压力管道的内容，考核合格者方可操作。

2) 管道的检查和检测

压力管道的检查和检测是掌握管道技术现状、消除缺陷、防范事故的主要手段。检查和检测工作由企业锅炉压力容器检验部门或有检验资格的单位进行,并对其检验结论负责。压力管道的检查和检测分外部检查、探查检验和全面检验。

(1) 外部检查

车间每季至少检查 1 次,企业每年至少检查 1 次。检查项目包括:管道、管件、紧固件及阀门的防腐层、保温层是否完好,可见管表面有无缺陷;管道振动情况,管与管、管与相邻物件有无摩擦;吊卡、管卡、支撑件的紧固和防腐情况;管道的连接法兰、接头、阀门填料、焊缝有无泄漏;管道内有无异物撞击或摩擦声。

(2) 探查检验

探查检验是针对压力管道的不同管系可能存在的薄弱环节,实施对症性的定点测厚及连接部位或管段的接替检查。

①定点测厚。测点应有足够的代表性,找出管内壁的易腐蚀部位,流体转向的易冲刷部位,制造时易拉薄的部位,使用时受力大的部位;根据实际经验选点,并充分考虑流体流动方式。如三通,有侧向汇流、对向汇流、侧向分流和背向分流等流动方式,流体对三通的冲刷腐蚀部位是有区别的,应对症选点。将确定的测定位置标记在绘制的主体管段简图上,按图进行定点测厚并记录。定期分析对比测定数据并根据分析结果决定扩大或缩小测定范围和调整测定周期。根据已获得的实测数据,研究分析高压管段在特定条件下的腐蚀、磨蚀规律,判断管道的结构强度,制定防范和改进措施。管道定点测厚周期应根据腐蚀、磨蚀速率确定。

②解体抽查。解体抽查主要是根据管道输送的工作介质的腐蚀性能、热力学环境、流体流动方式以及管道的结构特性和振动状况等,选择可拆部位进行解体检查,并把选定部位标记在主体管道简图上。一般应重点查明法兰、三通、弯头、螺栓以及管口、管口壁、密封面、垫圈的腐蚀和损伤情况。同时还要抽查部件附近的支撑件有无松动、变形或断裂。对于全焊接高压工艺管道只能靠无损探伤抽查或在修理阀门时用内窥镜扩大检查。解体抽查可以在机械和设备单体检修时或企业年度大修时进行,每年选检一部分。

(3) 全面检验

全面检验是在设备、设施单体大修或年度停车大修时对高压工艺管道进行鉴定性的停机检验,以决定管道系统继续使用、限制使用、局部更换或判废。全面检验的周期为 10~12 年至少 1 次,但不得超过设计寿命之末。遇有下列情况者全面检查周期应适当缩短:工作温度高于 180 ℃ 的碳钢和工作温度高于 250 ℃ 的合金钢的临氢管道或探查检验发现有氢腐蚀倾向的管段;通过探查检验发现腐蚀、磨蚀速率大于 $0.25 \text{ mm} \cdot \text{a}^{-1}$,剩余腐蚀余量低于预计全面检验时间的管道和管件,或发现有疲劳裂纹的管道和管件;使用年限超过设计寿命的管道;运行时出现高温、超压或鼓胀变形,有可能引起金属性能劣化的管段。

全面检验主要包括以下一些项目。

①表面检查。表面检查是指宏观检查和表面无损探伤。宏观检查是用肉眼检查管道、管件、焊缝的表面腐蚀以及各类损伤的深度和分布,并详细记录。表面探伤主要采用磁粉探伤或着色探伤等手段检查管道关键焊缝和管头螺纹表面有无裂纹、折叠、结疤、腐蚀等缺陷。对于全焊接高压工艺管道可在阀门拆开时用内窥镜检查;无法进行内壁表面检查时,可用超声波或射线探伤法检查代替。

②解体检查和壁厚测定。管道、管件、阀门、丝扣和螺栓、螺纹的检查,应按解体要求进行。按定点测厚选点的原则对管道、管件进行壁厚测定。对于工作温度高于180 ℃的碳钢和工作温度高于250 ℃的合金钢的临氢管道、管件和阀门,可用超声波能量法和测厚法根据能量的衰减或壁厚的"增加"来判断氢腐蚀程度。

③焊缝埋藏缺陷探伤。对制造和安装时探伤等级低的、宏观检查成型不良的、有不同表面缺陷的或在运行中承受较高压力的焊缝,应用超声波或射线探伤法检查埋藏缺陷,抽查比例不小于待检管道焊缝总数的10%。但与机械和设备连接的第一道焊缝、口径不小于50 mm 的焊缝或主支管口径比不小于0.6 的焊接三通的焊缝,抽查比例应不小于待检件焊缝总数的50%。

④破坏性取样检验。对于使用过程中出现超温、超压,有可能影响金属材料性能的,或以蠕变率控制使用寿命、蠕变率接近或超过1%的,或有可能引起高温氢腐蚀或氮化的管道、管件、阀门,应进行破坏性取样检验。检验项目包括化学成分、力学性能、冲击韧性和金相组成等,根据材质的劣化程度判断邻接管道是继续使用、监控使用或判废。

此外,全面检验还包括耐压试验和气密性试验等。

6.4.3 管道的安全防护

1)一般规定

采取安全防护措施时,应考虑以下因素:

①由流体性质以及操作压力和操作温度确定的流体危险性;

②由管道材料、结构、连接形式及安全运行经验确定的管道安全性;

③管道一旦发生损坏或泄漏,导致的流体泄漏量及其对周围环境、设备造成的危害程度;

④管道事故对操作人员、维修人员和一切可能接触人员的危害程度。

2)生产管理中的安全防护

生产管理中的安全防护要注意以下方面。

①应建立各项安全生产管理制度,包括生产责任制,安全生产和维修人员教育和培训制度,危险性工作的操作许可制度(如动火规程等),安全生产检查制度,事故调查、报告和责任制度以及安全监察制度等。

②应制定安全可靠的开、停车和正常操作的规程以及停水、停电等情况下事故停车的程序,以尽可能减少对管道的损害和操作人员、维修人员及其他人员接触危险性管道的可能性。

③建立管道管理系统数据库,包括管道目录库、管道故障记录库、管道检测报告库以及管道检修报告库等。

3) 安全防护设施和措施

安全防护设施和措施包括以下方面。

①灭火消防系统和喷淋设施应包括:建构筑物的防火结构(防火墙、防爆墙等),去除有毒、腐蚀性或可燃性蒸气的通风装置、遥测和遥控装置以及紧急处理有害物质的设施(贮存或回收装置、火炬或焚烧炉等)。

②在脆性材料管道系统,法兰、接头、阀盖、仪表或视镜处应设置保护罩,以限制和减小泄漏的危害程度。

③应采用自动或遥控的紧急切断阀、过流量阀、附加的切断阀、限流孔板或自动关闭压力源等方法限制流体泄漏的数量和速度。

④处理事故用的阀门(如紧急放空、事故隔离、消防蒸汽、消火栓等)应布置在安全、明显、方便操作的地方。

⑤对于进出装置的可燃、有毒物料管道,应在界区边界处设置切断阀,并在装置侧设"8"字盲板,以防止发生火灾时相互影响。

⑥应设置必要的防护面罩、防毒面具、应急呼吸系统、专用药剂、便携式可燃和有毒气体检测报警系统等卫生安全设备,在可能造成人体意外伤害的排放点或泄漏点附近应设置紧急淋浴和洗眼器。

⑦对于有辐射性的流体管道,应设置屏蔽保护和自动报警系统,并应配备专用的面具、手套和防护服等。

⑧对爆炸、火灾危险场所内可能产生静电危险的管道系统,均应采取静电接地措施,如可通过设备、管道及土建结构的接地网接地,其他防静电要求应符合 GB 12158 的规定。

⑨盲板的设置应符合以下规定。

(a) 当装置停运维修时,对装置外可能或要求继续运行的管道,在装置边界处除设置切断阀外,还应在阀门靠装置一侧的法兰处设置盲板。

(b) 当运行中的设备需切断检修时,应在阀门与设备之间的法兰接头处设置盲板。当有毒、可燃流体管道、阀门与盲板之间装有放空阀时,对于放空阀后的管道,应保证其出口位于安全范围之内。

思考题

1. 何谓压力容器?
2. 压力容器是如何分类的?
3. 气瓶是如何分类的?
4. 化工管道如何分类?
5. 如何进行管道的检查与检测?

7 化工腐蚀与防护

金属材料在使用过程中,易受周围介质的作用而发生腐蚀。发生腐蚀作用时,在金属的界面上发生了化学或电化学多相反应,使金属转入氧化(离子)状态。这会显著降低金属材料的强度、塑性、韧性等力学性能,破坏金属构件的几何形状,增加转动件间的磨损,使电学和光学等物理性能恶化,缩短设备的使用寿命,甚至造成火灾、爆炸等灾难性事故。据发达国家的数据统计,每年由于金属腐蚀造成的损失占当年钢产量的10%~20%。至于金属腐蚀事故引起的停产、停电等间接损失更无法计算了。

7.1 腐蚀定义及机理

腐蚀是指材料在周围介质的作用下所产生的破坏。引起破坏的原因可能是物理的、机械的因素,也可能是化学的、生物的因素等。腐蚀普遍存在于化工部门。在化工生产中,所用原材料及生产过程中的中间产品、产品等很多都具有腐蚀性,这些腐蚀性物料对建筑物、机械设备、仪器仪表等设施,均会造成腐蚀性破坏,从而影响生产安全。

在化工生产中,大量酸、碱等腐蚀性物料造成的事故,如设备基础下陷、厂房倒塌、管道变形开裂、泄漏、绝缘破坏、仪表失灵等,都严重影响正常的生产,危害人身安全。因此,在化工生产过程中,必须高度重视腐蚀与防护问题。

腐蚀机理分为化学腐蚀和电化学腐蚀。

1)化学腐蚀

化学腐蚀指金属与周围介质发生化学反应而引起的破坏。工业中常见的化学腐蚀有以下种类。

(1)金属氧化

金属氧化指金属在干燥或高温气体中与氧反应所发生的腐蚀过程。

(2)高温硫化

高温硫化指金属在高温下与含硫(硫蒸气、二氧化硫、硫化氢等)介质反应生成硫化物的腐蚀过程。

(3)渗碳

渗碳指某些碳化物(如一氧化碳、烃类等)与钢接触,在高温下分解生成游离碳,渗入钢内部形成碳化物的腐蚀过程。

(4)脱碳

脱碳指在高温下钢中的渗碳体与气体介质(如水蒸气、氢、氧等)发生化学反应,引起渗碳体脱碳的过程。

(5) 氢腐蚀

氢腐蚀指在高温高压下,氢引起钢组织的化学变化,使其力学性能劣化的腐蚀过程。

2) 电化学腐蚀

电化学腐蚀指金属与电解质溶液接触时,由于金属材料的不同组织及组分之间形成原电池,其阴、阳极之间所发生的氧化还原反应使金属材料的某一组织或组分发生溶解,最终导致材料失效的过程。

7.2 腐蚀类型

1) 全面腐蚀与局部腐蚀

在金属设备整个表面上或大面积发生程度相同或相近的腐蚀,称为全面腐蚀。腐蚀介质以一定的速度溶解被腐蚀的设备。全面腐蚀的速度以设备单位面积上在单位时间内损失的质量表示($g \cdot m^{-2} \cdot h^{-1}$);也可以用金属每年被腐蚀的深度,即构件变薄的程度表示($mm \cdot a^{-1}$)。

局限于金属结构某些特定区域或部位上的腐蚀称为局部腐蚀。根据金属的腐蚀速度大小,可以将金属材料的耐腐蚀性分为4级,见表7-1。

表7-1 金属材料的耐腐蚀等级

等级	腐蚀速度/($mm \cdot a^{-1}$)	耐腐蚀性
1	<0.05	优良
2	0.05~<0.5	良好
3	0.5~<1.5	可用,但腐蚀较严重
4	≥1.5	不适用,腐蚀严重

2) 点腐蚀

点腐蚀又称孔腐蚀,指集中于金属表面个别小点上深度较大的腐蚀现象。金属表面由于露头、错位、介质不均匀等缺陷,表面膜的完整性遭到破坏,成为点蚀源。点蚀源在某段时间内呈活性状态,电极电位较负,与表面其他部位构成局部腐蚀微电池,在大阴极小阳极的条件下,点蚀源的金属迅速被溶解并形成孔洞。孔洞不断加深,直至穿透,造成不良后果。

防止点腐蚀的措施有:减小介质溶液中Cl^-的浓度,或加入有抑制点腐蚀作用的阴离子,如对不锈钢可加入OH^-,对铝合金可加入NO_3^-;减少介质溶液中的氧化性离子,如Fe^{3+}、Cu^{2+}、Hg^{2+}等;降低介质溶液的温度,加大溶液流速;采用阴极保护;采用耐点腐蚀合金。

3) 缝隙腐蚀

缝隙腐蚀指在电解液中金属与金属、金属与非金属之间构成的窄缝内发生的腐蚀。

在化工生产中,管道连接处,衬板、垫片处,设备污泥沉积处,腐蚀物附着处等,均易发生缝隙腐蚀;当金属保护层破损时,金属与保护层之间的破损缝隙也会发生腐蚀。

发生缝隙腐蚀是由于缝隙内积液流动不畅,时间长了使缝内外电解质浓度不同从而构成浓差原电池,发生氧化还原反应:

阳极　$Me \longrightarrow Me^+ + e^-$　　　　　阴极　$O_2 + 2H_2O + 4e^- \longrightarrow 4OH^-$

防止缝隙腐蚀的措施有:采用抗缝隙腐蚀的金属或合金材料,如 Cr18Ni12Mo3Ti 不锈钢;采用合理的设计方案,避免接触处出现缝隙、死角等,降低缝隙腐蚀的程度;采用电化学保护;采用缓蚀剂保护。

4) 晶间腐蚀

晶间腐蚀指沿着金属材料晶粒间的界面发生的腐蚀。这种腐蚀可以在材料外观无变化的情况下使其完全丧失强度。金属材料在腐蚀环境中,晶界和本身物质的物理化学性质和电化学性能有差异、晶界沉积了杂质或某一种元素增多或减少,致使它们之间构成了原电池,使腐蚀沿晶粒边界发展,致使材料的晶粒间失去结合力。

防止晶间腐蚀的措施有:降低金属材料中的碳含量,采用低碳不锈钢;采用合金材料。

5) 应力腐蚀破裂

应力腐蚀破裂是指金属及合金在拉应力和特定介质环境的共同作用下发生的腐蚀破坏。应力腐蚀外观一般没有任何变化,裂纹发展迅速且预测困难,极具危险性。材料在拉应力作用下,在应力集中处出现变形或金属裂纹从而形成新表面,新表面与原表面因电位差构成原电池,发生氧化还原反应,使金属溶解,导致裂纹迅速发展。发生应力腐蚀的金属材料主要是合金,纯金属较少。

防止应力腐蚀的措施有:合理设计结构,消除应力;合理选用材料;避免高温操作;采用缓蚀剂保护。

6) 氢损伤

氢损伤指由氢作用引起材料性能下降的一种现象,包括氢腐蚀与氢脆。在高温高压下,H_2 物理吸附于金属表面并分解为 H,H 经化学吸附透过金属表面进入内部,破坏晶间结合力,在高压应力作用下,导致微裂纹生成。氢脆是指氢溶于金属后残留于错位等处,当氢达到饱和后,对错位起钉扎作用,使金属晶粒滑移难以进行,造成金属出现脆性。

防止氢损伤的措施有:采用合金材料,使金属表面合金化,形成致密的膜,阻止氢向金属内部扩散;避免高温高压同时操作;在气态氢环境中,加入适量氧气抑制氢脆发生。

7) 腐蚀疲劳

腐蚀疲劳指材料在腐蚀环境中,受交变应力作用产生的破坏。交变速率低容易产生腐蚀疲劳。

防止腐蚀疲劳的措施有:尽量避免低交变速率应力作用;尽量降低循环应力值及幅度;避免在强腐蚀环境中操作。

7.3 腐蚀防护

1) 正确选材

防止或减缓腐蚀的根本途径是正确地选择工程材料。在选择材料时,除考虑一般技术经济指标外,还应考虑工艺条件及其在生产过程中的变化。要根据介质的性质、浓度、杂质、腐蚀产物、化学反应、温度、压力、流速等工艺条件以及材料的耐腐蚀性能等,综合选择材料。

2) 合理设计

(1) 避免缝隙

缝隙是引起腐蚀的重要因素之一。因此在结构设计、连接形式上应注意避免出现缝隙,采取合理的结构。如为避免铆接中出现缝隙,添加不吸潮的填料及垫片等;焊接时,应用双面焊,避免搭接焊或点焊。

(2) 消除积液

设备死角的积液处是发生严重腐蚀的部位。因此,在设计时应尽量减少设备死角,消除积液对设备的腐蚀。

3) 电化学保护

(1) 阳极保护

在化学介质中,将被腐蚀的金属通以阳极电流,在其表面形成耐腐蚀性很强的钝化膜,保护金属不被腐蚀。

(2) 阴极保护

有外加电源和牺牲阳极两种方法。外加电源是将被保护金属与直流电源负极连接,正极与外加辅助电极连接,电源对被保护金属通入阴极电流,使腐蚀过程受到抑制。牺牲阳极又称护屏保护,是将电极电位较负的金属同被保护金属连接构成原电池,电位较负的金属(阳极)在反应过程中发出的电流可以抑制对被保护金属的腐蚀。

4) 缓蚀剂

加入腐蚀介质中能够阻止金属腐蚀或降低金属腐蚀速度的物质称为缓蚀剂。缓蚀剂吸附在金属表面上,形成一层连续的保护性吸附膜,或在金属表面生成一层难溶的化合物即氧化物膜,隔离屏蔽了金属,阻滞了腐蚀反应过程,降低了腐蚀速度,达到了缓蚀的目的,保护了金属材料。

5) 金属保护层

金属保护层指覆盖于耐腐蚀性较差的金属表面以达到保护作用的耐腐蚀性较强的金属或合金。

(1) 金属衬里

金属衬里是将耐腐蚀性强的金属,如铅、钛、铝、不锈钢等衬覆于设备内部,防止腐蚀。

(2) 喷镀

喷镀是将熔融金属、合金或金属陶瓷喷射于被保护金属表面,以防腐蚀。

(3) 热浸镀

热浸镀是将钢铁构件的基本表面热浸上铝、锌、铅、锡及其合金,以防腐蚀。

(4) 表面合金化

表面合金化是采用渗、扩散等工艺,使金属表面得到某种合金表面层,以防腐蚀、摩擦。

(5) 电镀

电镀是采用电化学原理,以工作表面为阴极,获得电沉积表面层,借以保护。

(6) 化学镀

化学镀是利用化学反应在金属表面上镀镍、锡、铜、银等,以防止腐蚀。

(7) 离子镀

离子镀是在减压下使金属或合金蒸气部分离子化,在高能作用下对被保护金属表面进行溅射、沉积以获得镀层,保护金属。

6) 非金属保护层

非金属保护层是将非金属材料覆盖于金属或非金属设备或设施表面,以防止腐蚀的保护层。其分衬里和涂层两类。非金属衬里在化工设备中应用广泛。涂层是涂刷于物体表面后形成的一种坚韧、耐磨、耐腐蚀的保护层。

7) 非金属设备

由于非金属材料具有良好的耐腐蚀性及相当好的物理力学性能,因此可以代替金属材料,加工制成各种防腐蚀设备和机器。常用的有聚氯乙烯、聚丙烯、不透性石墨、陶瓷、玻璃以及玻璃钢、天然岩石等。其可以制造设备、管道、管件、机器及部件、基本设施等。

思考题

1. 何谓腐蚀?
2. 腐蚀机理是什么?
3. 腐蚀有哪些类型?
4. 腐蚀防护的措施有哪些?

8 危险化学品事故应急救援

8.1 危险化学品的分类和性质

8.1.1 危险化学品的分类

危险化学品是指具有燃烧、爆炸、毒害、腐蚀等性质以及在生产、储存、装卸、运输等过程中易造成人身伤亡、财产损失和环境污染而需要特别防护的物品。危险化学品在不同的场合叫法或者说称呼是不一样的，如在生产、经营、使用场所统称其为化工产品，一般不单称危险化学品；在运输过程中，包括铁路运输、公路运输、水上运输、航空运输都称其为危险货物；在储存环节，一般称其为危险物品或危险品。

危险化学品的分类是危险化学品安全管理的基础。危险化学品的分类是根据化学品（化合物、混合物或单质）的理化性质、爆炸性、毒性、对环境的影响来确定其是否为危险化学品，并进行危险性分类。目前，我国的危险化学品分类的主要依据有《化学品分类和危险性公示通则》(GB 13690—2009)、《危险货物品名表》(GB 12268—2005)、《危险货物分类和品名编号》(GB 6944—2005)和国家安全生产监督管理局公布的《危险化学品名录》(2010版)等。依据《危险化学品名录》(2010版)可将危险化学品分为爆炸品，压缩气体和液化气体，易燃液体，易燃固体、自燃物品和遇湿易燃物品，氧化剂和有机过氧化物，毒害品和感染性物品，腐蚀品几大类。

8.1.2 危险化学品的性质

1) 爆炸品的特性

爆炸品指在外界作用（如受热、摩擦、撞击等）下能发生剧烈的化学反应，瞬间产生大量的气体和热量，使周围的压力急剧上升，发生爆炸，对周围环境、设备、人员造成破坏和伤害的物品。爆炸品具有如下特性。

①爆炸性。爆炸品都具有化学不稳定性，在一定的外力作用下，能以极快的速度发生猛烈的化学反应，由于产生的大量气体和热量在短时间内无法散去，从而使周围的温度迅速升高并产生巨大的压力而引起爆炸。爆炸品一旦发生爆炸，往往危害大、损失大、扑救困难。

②敏感度高。爆炸品的化学组成和性质决定了它具有发生爆炸的可能性，但任何一种爆炸品的爆炸都需要外界提供给它一定的能量——起爆能。一种爆炸所需的最小起

爆能即为该炸药的敏感度。起爆能和敏感度成反比,起爆能越大,敏感度越低。从事爆炸品管理的人员应该了解各种爆炸品的敏感度,以便在生产、储存、运输、使用中适当控制,确保安全。

③殉爆性。当炸药爆炸时,能引起位于一定距离之内的炸药也发生爆炸,这种现象称为殉爆。殉爆发生的原因是冲击波的传播作用,距离越近冲击波强度越大。由于爆炸品具有殉爆性,因此对爆炸品的储存和运输必须高度重视,严格要求,加强管理。

④其他性质。很多炸药都有一定的毒性,如 TNT、硝酸甘油、雷汞酸等;有些爆炸品和某些化学药品(酸、碱、盐)发生化学反应的生成物是更容易爆炸的化学品,如苦味酸遇某些碳酸盐能反应生成更容易爆炸的苦味酸盐;某些爆炸品与一些重金属(铅、银、铜等)及其化合物的生成物敏感度更高;某些爆炸品受光照易于分解,如叠氮银、雷酸银等;某些爆炸品具有较强的吸湿性,受潮或遇湿后爆炸能力会降低,甚至无法使用,如硝铵炸药等应注意防止受潮失效。

2) 压缩气体和液化气体的特性

压缩气体和液化气体指压缩、液化或加压溶解气体,状态条件符合下列两种情况之一者:

①临界温度低于或等于 50 ℃、蒸气压大于 294 kPa 的压缩气体或液化气体;

②温度在 21.1 ℃时,气体的绝对压力大于 275 kPa,或在 54.4 ℃时,气体的绝对压力大于 715 kPa 的压缩气体,或在 37.8 ℃时,蒸气压大于 275 kPa 的液化气体或加压溶解气体。

本类化学品受热、撞击或强烈震动时,容器内压力急剧增大,致使容器破裂爆炸,或导致气瓶阀门松动漏气,酿成火灾或中毒事故。本类化学品有如下特性。

①易燃易爆性。在列入《危险货物品名表》(GB 12268—2005)的压缩气体或液化气体中,约有 54.1% 的气体是可燃气体,有 61% 的气体具有火灾危险性,可燃气体的主要危险性就是易燃易爆性。只要是在燃烧范围内的易燃气体,遇到火源都会发生着火或爆炸,有的甚至遇到极微小的能量就可被引爆。易燃易爆性除了和火源能量大小有关外,还与气体的化学组成有关。一般情况下,组成成分简单的气体易燃,而且燃烧速度快、火焰温度高、着火爆炸危险性大,如氢气比甲烷、一氧化碳等易爆,且爆炸浓度范围大。

此外,由于充装容器为压力容器,受热或在火场中受热辐射时还易发生物理性爆炸。

②扩散性。压缩气体和液化气体由于分子间距大,相互作用力小,非常容易发生扩散,能够自发地充满整个容器。

根据压缩气体和液化气体的密度,扩散的特点主要有:比空气轻的可燃气体如果逸散到空气中,可无限制扩散,且易与空气形成爆炸性混合物;比空气重的可燃气体泄漏时,往往聚集于地表、沟渠、厂房死角等,长时间聚集不散,容易与空气在局部形成爆炸性混合物,遇火源燃烧或爆炸,而且一般密度大的气体发热量大,在相同火灾条件下,火势更易于扩大。

③可压缩性和膨胀性。相对于液体和固体来说,压缩气体和液化气体的热胀冷缩性

要大得多,其体积随温度的升降而胀缩,特点如下。

(a)当压力不变时,气体的体积与温度成正比,即温度越高,体积越大。如压力不变时,液态丙烷60 ℃时的体积比10 ℃时的体积膨胀了20%还要多。

(b)当温度不变时,气体的体积和压力成反比,即压力越大,体积越小。由于气体自身分子间距大,有很强的压缩性,甚至可压缩成液态,所以气体通常都是压缩后存于钢瓶中的。

(c)在体积不变时,气体的压力和温度成正比,即温度越高,压力越大。

④带电性。当压缩气体或液化气体从管口破损处高速喷出时,由于气体本身剧烈运动造成分子间相互摩擦,或气体中的固体颗粒、液体杂质与喷嘴发生摩擦等会产生静电。据试验,液化石油气喷出时,产生的静电电压可达9 000 V,其放电火花足以引起燃烧。因此,压力容器内的可燃压缩气体或液化气体在容器、管道破损时喷出速度过快,都会产生静电,一旦放电就会引起着火或爆炸事故。

⑤腐蚀性、毒害性、窒息性。压缩气体和液化气体的腐蚀性主要是指一些含氢、硫元素的气体。目前危险性最大的是氢,氢在高压下能渗透到碳素中去,使金属容器发生"氢脆"。除氧气和压缩空气外,压缩气体与液化气体大都具有一定的毒害性和窒息性,如二氧化碳、氮气、氦气等惰性气体,一旦发生泄漏,能使人窒息死亡。

⑥其他性质。压缩气体和液化气体除具有以上性质外,还具有氧化性、刺激性、致敏性等。

3) 易燃液体的特性

易燃液体是指闭杯闪点等于或低于61 ℃的液体、液体混合物和含有固体物质的液体,但不包括已列入其他类别的液体。

本类物质在常温下易挥发,其蒸气与空气混合能形成爆炸性混合物,其具有如下特性。

①易挥发性。大多数易燃液体分子量小,沸点低,极易挥发出易燃气体,与空气混合后达到一定浓度时遇火源易燃烧爆炸。由于其燃点也低,当达到燃点时,燃烧不只局限于液体表面的闪燃,由于液体源源不断供应而持续燃烧。

②受热膨胀性。易燃液体的膨胀系数一般都较大,储存在密闭容器中的易燃液体受热后体积容易膨胀,同时蒸气压力增大,部分液体挥发成蒸气,若超过了容器所能承受的压力就会造成容器鼓胀,甚至破裂。

③流动扩散性。易燃液体具有流动性和扩散性,大部分黏度都很小,一旦泄漏,很快向四周流散,加快液体的蒸发速度,使空气中蒸气浓度增大,进而加大燃烧爆炸的危险性。

④易产生静电。大部分液体为非极性物质,在灌注、输送、搅拌和流动过程中,由于摩擦会产生静电,静电积蓄到一定程度就会放电,有燃烧和爆炸的危险。

⑤毒害性、腐蚀性。绝大多数易燃液体及蒸气都具有一定的毒性,会通过与皮肤的接触或呼吸道进入人体,使人昏迷或窒息而死。有的还具有刺激性和腐蚀性,对人体的

内脏和器官造成伤害。

4）易燃固体、自燃物品和遇湿易燃物品的特性

（1）易燃固体的特性

易燃固体是指燃点低，对热、撞击、摩擦敏感，易被外部火源点燃，燃烧迅速，并可能散发出烟雾和有毒气体的固体，但不包括已列入爆炸品的物品，其特性如下。

①易燃性。易燃固体在常温下是固态，受热后可熔融、蒸发、汽化、再分解氧化直至出现火焰燃烧，因此易燃固体随温度的升高危险性增大。大部分易燃固体的燃点、熔点、自燃点都较低，因此易燃危险性较大。

②可分解性与氧化性。大多数易燃固体遇热易分解，如二硝基苯。易燃固体与氧化剂接触，能发生剧烈反应而引起燃烧或爆炸，如红磷与氯酸钾接触，硫黄粉与氯酸钾或过氧化钠接触。

③毒性。许多易燃固体本身具有毒性，或其燃烧产物具有毒性或腐蚀性。

（2）自燃物品的特性

自燃物品是指自燃点低，在空气中易发生氧化反应，并放出热量而自行燃烧的物品。按自燃的难易程度（即自燃点的高低）及危险性的大小，自燃物品可以分为一级自燃性物质和二级自燃性物质。一级自燃性物质的自燃点低于常温，在空气中能发生剧烈的氧化，而且燃烧猛烈，危害性大，如黄磷、硝化棉等；二级自燃性物质的自燃点高于常温，但在空气中能缓慢氧化，在积热不散的条件下能够自燃，如油纸、油布等含油脂的物品。这类物品具有如下特性。

①遇空气易燃性。自燃物品大部分性质非常活泼，具有极强的还原性，接触空气后能迅速与空气中的氧化合并产生大量的热，达到自燃点而燃烧、爆炸。

②遇湿易燃性。由于自燃物品化学性质非常活泼，除在空气中能自燃外，遇水或受潮还能分解而自燃或爆炸。

（3）遇湿易燃物品的特性

遇湿易燃物品是指遇水或受潮时发生剧烈化学反应，并放出大量的易燃气体和热量的物品，有时不需要明火即能燃烧或爆炸。按遇水或受潮后发生反应的剧烈程度和危险性大小的不同，可将遇湿易燃物品分为一级遇水燃烧物质和二级遇水燃烧物质两类。一级遇水燃烧物质遇水后发生剧烈反应，产生大量易燃易爆气体，放出大量的热量，容易引起自燃或爆炸，主要包括锂、钠、钾等金属及其氢化物等；二级遇水燃烧物质遇水反应缓慢，放出热量也较少，产生的气体一般需要火源才能燃烧或爆炸，主要包括电石、金属钙、锌粉、石灰石等。这类物品具有如下特性。

①遇水易燃易爆。这是此类物质的通性，遇水后与水发生化学反应，可以放出可燃气体和热量，当热量达到引燃温度时就会发生着火或爆炸。

②遇酸和氧化剂易着火爆炸。大多数遇酸、氧化剂等能够发生化学反应，放出易燃气体和热量，极易引起着火或爆炸。因此易燃物品绝对不允许和氧化剂、酸类混储混运。

③腐蚀性和毒害性。遇湿易燃物品本身是具有毒性的，如钠汞齐、钾汞齐等都是毒

害性很强的物质。此外,还有一部分物品与水反应的生成物具有毒性,如乙炔、磷化氢、金属的磷化物等,和水反应都会放出有毒的可燃气体。

5) 氧化剂和有机过氧化物的特性

氧化剂是指处于高氧状态,具有强氧化性,易分解并放出氧和热量的物质,包括含有过氧基的无机物。氧化剂本身并不一定可燃,但可以导致可燃物的燃烧,与松软的粉末状可燃物能形成爆炸性混合物,对热、震动或摩擦较为敏感。氧化剂按氧化性的强弱分为一级氧化剂和二级氧化剂;按组成分为有机氧化剂和无机氧化剂。

有机过氧化物指分子中含有过氧基的有机物。它是一种含有 2 价—O—O—结构的有机物,也可能是过氧化氢的衍生物,其本身易燃易爆,极易分解,对热、震动或摩擦极为敏感。如二氯过氧化苯甲酰、过氧化二乙酰、过氧化苯甲酚、过氧化环己酮。

这类物品具有强氧化性,易引起燃烧、爆炸,其特性如下。

①氧化剂遇高温易分解放出氧和热量,极易引起爆炸,所以这类物质遇到易燃物品、可燃物品、还原剂或受热分解都容易引起燃烧爆炸。

②氧化剂中的过氧化物均含有过氧基(—O—O—),过氧基很不稳定,易分解放出原子氧。其余氧化剂则含有高价态的氯、溴、氮、硫或锰等元素,这些高价态的元素都具有较强的获得电子能力。

③大多数氧化剂,特别是碱性氧化剂,遇酸反应剧烈,甚至发生爆炸。如过氧化钠、高锰酸钾等遇硫酸立即发生爆炸。这些氧化剂不得与酸类接触,也不可以用酸类灭火剂灭火。

④具有毒性和腐蚀性。有些氧化剂具有不同程度的毒性和腐蚀性,操作时应做好个人防护。

⑤敏感性。许多氧化剂如硝酸盐类、有机过氧化物等对摩擦、撞击、震动极为敏感,储运中要轻装轻卸,防止增加其爆炸性。

6) 毒害品和感染性物品的特性

毒害品指进入肌体并累积到一定量后能与体液或器官组织发生生物化学或生物物理学作用,扰乱或破坏肌体的正常生理功能,引起器官和系统暂时性或持久性病变,乃至危及生命的物品。如氰化钾、三氧化二砷、氯化高汞、磷化锌、汞、氯乙醇、二氯甲烷、四乙基铅、丁酯、四氯化碳。毒害品的特性如下。

①溶解性。很多毒害品是水溶性或脂溶性物质。毒害品在水中溶解度越大,危害性越大。因为人体内的血液、胃液、淋巴液中含有大量的水,还含有酸、脂肪等,毒害品在其中溶解度很大,所以很容易引起人身中毒。

②扩散性。毒害品的颗粒越细,越容易穿透包装随空气的流动而扩散,就越容易使人中毒。

③易挥发性。一些毒害品具有挥发性,而且随着温度的升高,毒物挥发得更快,可使空气中的毒物浓度增大,从而使人中毒。

毒害品的主要危险性是毒害性,主要表现为对人体及其他动物的伤害。其主要伤害途径有呼吸中毒、消化中毒、皮肤中毒等。

感染性物品是指含有致病的微生物，能引起病态甚至死亡的物质。

7) 腐蚀品的特性

腐蚀品指能灼伤人体组织，并对金属等物品造成损坏的固体或液体。其标准为：与皮肤接触在 4 日的暴露期内或者在 14 日的观察期内使皮肤组织出现坏死现象；或在 55 ℃时对 20 号钢的表面均匀年腐蚀量超过 6.25 mm 的固体或液体。腐蚀品的特性如下。

①腐蚀性。腐蚀品具有很强的腐蚀性，对人体、有机物质和金属等都能造成伤害。人体接触腐蚀品后，会引起灼伤或发生破坏性创伤以至溃疡等；腐蚀品可以夺取皮革、纸张及其他一些有机物质中的水分，破坏其组织成分，甚至使之碳化。此外，不论是酸性或碱性腐蚀品都会对金属产生不同程度的腐蚀作用。

②易燃性。大部分腐蚀品具有易燃性，有的还具有较强的氧化性，有些腐蚀品遇水分解出具有腐蚀性的气体并放出热量，接触可燃物会引起着火，如遇高温，还有爆炸危险。

③毒性。许多腐蚀性物品都有毒性，有的还有剧毒，如氢氟酸、溴素、五溴化磷等。

8.2 危险化学品事故

8.2.1 危险化学品事故定义、类型及分类

1) 危险化学品事故定义

危险化学品事故是指由一种或几种危险化学品或其能量意外释放造成的人身伤亡、财产损失或环境污染事故。其后果通常表现为人员伤亡、财产损失或环境污染。构成危险化学品事故有两个必要条件：一是危险化学品；二是事故。

2) 事故类型

(1) 单一型

单一型事故是指危险化学品发生事故时，其表现形式仅仅是危险化学品火灾事故、危险化学品爆炸事故、危险化学品泄漏事故等各种类型事故中的一种。

(2) 复合型

危险化学品发生事故时，往往由泄漏事故引起中毒、窒息、火灾或爆炸事故等，或由火灾引起爆炸、灼伤、中毒或其他类型的事故，很难以单一型的事故方式出现。像这种由一种类型的事故引发其他类型事故的类型为危险化学品的复合型事故。

3) 事故分类

一般以危险化学品事故的危险性分析其固有危险性，危险化学品事故大体上可划分为以下八类。

(1) 危险化学品火灾事故

该事故是指燃烧物质主要是危险化学品的火灾事故。具体又分若干小类，包括易燃

液体火灾、易燃固体火灾、自燃物品火灾、遇湿易燃物品火灾和其他危险化学品火灾。易燃气体、液体火灾往往又引起爆炸事故,容易造成重大的人员伤亡。由于大多数危险化学品在燃烧时会放出有毒有害气体或烟雾,因此在危险化学品火灾事故中,往往会伴随发生人员中毒和窒息事故。

(2)危险化学品爆炸事故

该事故是指危险化学品发生化学反应的爆炸事故或液化气体和压缩气体的物理爆炸事故。具体包括:爆炸品的爆炸(又可分为烟花爆竹爆炸、民用爆炸器材爆炸、军工爆炸品爆炸等);易燃固体、自燃物品、遇湿易燃物品的火灾爆炸;易燃液体的火灾爆炸;易燃气体爆炸;危险化学品产生的粉尘、气体、挥发物爆炸;液化气体和压缩气体的物理爆炸;其他化学反应爆炸。

(3)危险化学品泄漏事故

该事故主要是指气体或液体危险化学品发生了一定规模的泄漏,虽然没有发展成为火灾、爆炸或中毒事故,但造成了严重的财产损失或环境污染等后果的危险化学品事故。危险化学品泄漏事故一旦失控,往往会造成重大火灾、爆炸或中毒事故。

(4)危险化学品中毒事故

该事故主要是指人体吸入、食入或接触有毒有害化学品或者化学品反应的产物而导致的中毒事故。具体包括吸入中毒事故、接触中毒事故、误食中毒事故和其他中毒事故。

(5)危险化学品窒息事故

该事故主要是指危险化学品对人体氧化作用的干扰,主要是人体吸入有毒有害化学品或化学品反应的产物而导致的窒息事故,包括简单窒息和化学窒息。简单窒息是周围的氧气被惰性气体替代而引起的窒息。化学窒息是化学物质直接影响机体传送氧以及和氧结合的能力而引起的窒息。

(6)危险化学品灼伤事故

该事故主要是指腐蚀性危险化学品意外地与人体接触,在短时间内即在接触表面发生化学反应,造成明显破坏的事故。腐蚀品包括酸性腐蚀品、碱性腐蚀品和其他不显酸碱性的腐蚀品。

(7)危险化学品辐射事故

该事故是指具有放射性的危险化学品发射出具有一定能量的射线,对人体造成伤害的事故。放射性污染物主要指各种放射性核素,其放射性与化学状态无关。其放射性强度越大,危险性就越大。人体组织在受到射线照射时能发生电离,如果人体受到过量射线的照射,就会产生不同程度的损伤。

(8)其他危险化学品事故

该事故是指不能归入上述七类危险化学品事故的其他危险化学品事故,如危险化学品罐体倾倒、车辆倾覆等,但没有发生火灾、爆炸、中毒、窒息、灼伤、泄漏等事故。

8.2.2 危险化学品事故特点

1) 危险化学品事故致因和发生机理

(1) 危险化学品事故致因理论

①能量意外释放理论。事故是一种不正常或不希望的能量释放。预防和控制危险化学品事故就是控制、约束能量或危险物质,防止其意外释放;防止危险化学品事故就是在事故、能量或危险物质意外释放的情况下,防止人体与之接触,或者一旦接触,作用于人体或财物的能量应尽可能小,危险物质应尽可能少,使其不超过人或物的承受能力。

②两类危险源理论。第一类危险源是指系统中存在的、可能发生意外释放的能量或危险物质。第一类危险源具有的能量越大,发生事故的后果就越严重。一般情况下,为控制系统中的能量或危险物质而采取相应的约束和限制措施。那些使约束和限制措施失效、破坏的因素称为第二类危险源。两类危险源共同决定危险源的危险性。

(2) 危险化学品事故发生机理

危险化学品发生泄漏时的事故发生机理及过程如下。

①易燃易爆化学品泄漏→遇到火源→火灾或爆炸→人员伤亡、财产损失、环境破坏等。

②有毒化学品泄漏→急性中毒或慢性中毒→人员伤亡、财产损失、环境破坏等。

③腐蚀品泄漏→腐蚀→人员伤亡、财产损失、环境破坏等。

④压缩气体或液化气体→物理爆炸→易燃易爆、有毒化学品泄漏。

⑤危险化学品泄漏→发生变化→人员伤亡、财产损失、环境破坏等。

危险化学品没有发生泄漏时的事故发生机理及过程如下。

①生产装置中的化学品反应失控→爆炸→人员伤亡、财产损失、环境破坏等。

②爆炸品→受到撞击、摩擦或遇到火源等→爆炸→人员伤亡、财产损失、环境破坏等。

③易燃易爆化学品→遇到火源→火灾、爆炸或放出有毒气体或烟雾→人员伤亡、财产损失、环境破坏等。

④有毒有害化学品→与人体接触→腐蚀或中毒→人员伤亡、财产损失等。

⑤压缩气体或液化气体→物理爆炸→人员伤亡、财产损失、环境破坏等。

2) 危险化学品事故的特点

(1) 突发性

危险化学品事故往往是在没有先兆的情况下突然发生的。

(2) 复杂性

事故的发生机理非常复杂,许多着火、爆炸事故并不是简单地由泄漏的气体、液体引发那么简单,而往往是由腐蚀等化学反应等引起的,事故的原因往往也很复杂,并具有相当的隐蔽性。

(3) 严重性

事故造成的后果往往非常严重,一个罐体爆炸,会造成整个罐区的连环爆炸;一个罐区爆炸,可能殃及生产装置,进而造成全厂性爆炸。如北京某化工厂"6·27"特大爆炸事故。更有一些化工厂,由于生产工艺的连续性,装置布置紧密,会在短时间内发生厂毁人亡的恶性爆炸。

(4) 持久性

事故造成的局面往往在长时间内都得不到恢复,具有事故危害的持久性。譬如,人员严重中毒,常常会造成终生难以消除的后果;对环境造成的破坏,往往需要几十年的时间进行治理。

(5) 社会性

危险化学品事故往往造成惨重的人员伤亡和巨大的经济损失,影响社会稳定。灾难性事故常常会给受害者、亲历者造成不亚于战争留下的创伤,在很长时间内都难以消除痛苦。如重庆某县的井喷事故,造成了243人死亡,许多家庭都因此残缺破碎,生存者可能永远无法抚平心中的创伤。一些危险化学品泄漏事故,还可能对子孙后代造成严重的生理影响。如意大利塞维索化学污染事故,剧毒化学品二噁英扩散,使许多人中毒,导致当地居民的畸形儿出生率大为提高。

8.3 危险化学品事故应急救援知识

化学事故应急救援是指化学危险物品由于各种原因造成或可能造成众多人员伤亡及其他较大的社会危害时,为及时控制危害源,抢救受害人员,指导群众防护和组织撤离,清除危害后果而组织的救援活动。随着化学工业的发展,生产规模日益扩大,一旦发生事故,其危害波及范围将越来越大,危害程度将越来越深,事故初期如不及时控制,小事故将会演变成大灾难,给生命和财产造成巨大损失。

8.3.1 危险化学品事故应急救援的基本任务

化学事故应急救援是近几年国内开展的一项社会性减灾救灾工作。其基本任务如下。

1) 控制危险源

及时控制造成事故的危险源是应急救援工作的首要任务,只有及时控制住危险源,防止事故继续扩大,才能及时、有效地进行救援。

2) 抢救受害人员

抢救受害人员是应急救援的重要任务。在应急救援行动中,及时、有序、有效地实施现场急救与安全转送伤员是降低伤亡率、减少事故损失的关键。

3) 指导群众防护,组织群众撤离

由于化学事故发生突然,扩散迅速,涉及面广,危害大,应及时指导和组织群众采取各种措施进行自身防护,并向上风向迅速撤离出危险区或可能受到危害的区域。在撤离过程中应积极组织群众开展自救和互救工作。

4) 做好现场清消,消除危害后果

对事故外逸(溢)的有毒有害物质和可能对人和环境继续造成危害的物质,应及时组织人员予以清除,消除危害后果,防止对人的继续危害和对环境的污染。对发生的火灾,要及时组织力量进行清消。

5) 查清事故原因,估算危害程度

事故发生后应及时调查事故的发生原因和性质,估算出事故的危害波及范围和危险程度,查明人员伤亡情况,做好事故调查。

8.3.2 危险化学品事故应急救援的基本形式

化学事故应急救援按事故的波及范围及其危害程度,可采取以下三种形式进行救援。

1) 事故单位自救

事故单位自救是化学事故应急救援最基本、最重要的救援形式,这是因为事故单位最了解事故的现场情况,即使事故危害已经扩大到事故单位以外的区域,事故单位仍需全力组织自救,特别是尽快控制危险源。

危险化学品生产、使用、储存、运输等单位必须成立应急救援专业队伍,负责事故时的应急救援。同时,生产单位对本企业的产品必须提供应急服务,一旦产品在国内外任何地方发生事故,通过提供的应急电话应能及时与生产厂取得联系,获取紧急处理信息或得到其应急救援人员的帮助。

2) 对事故单位的社会救援

对事故单位的社会救援主要是指重大或灾害性危险化学品事故,事故危害虽然局限于事故单位内,但危害程度较大或危害范围已经影响到周围临近地区,依靠本单位以及消防部门的力量不能控制事故或不能及时消除事故后果而组织的社会救援。

3) 对事故单位以外受危害区域的社会救援

该救援主要是对灾害性危险化学品事故而言,指事故危害超出本事故单位区域,危害程度较大或事故危害跨区、县,需要各救援力量协同作战而组织的社会救援。

国家安全生产监督管理总局危险化学品登记中心开通了化学事故应急咨询热线0532-83889090/83889191,负责化学事故应急救援工作。

化学事故应急救援按救援内容不同分四级。

0 级:8 h 内提供化学事故应急救援信息咨询。

Ⅰ级:24 h 提供化学事故应急救援信息咨询。

Ⅱ级:24 h 提供化学事故应急救援信息咨询的同时,派专家赴现场指导救援。

Ⅲ级:在Ⅱ级的基础上,出动应急救援队伍和装备参与现场救援。

目前,我国已建立 8 大应急救援抢救中心,主要分布于我国化工发达地区,随着危险化学品登记注册的开展,各地区将相继成立危险化学品地方登记办公室,担负起各地区的应急救援工作,使应急网络更加完善,响应时间更短,事故危害将会得到更有效的控制。

8.3.3 危险化学品事故应急救援的组织与实施

危险化学品事故应急救援一般包括报警与接警、应急救援队伍的出动、实施应急处理(即紧急疏散)、现场急救、事故应急处理几个方面。

1) 事故报警与接警

事故报警的及时与准确是能否及时控制事故的关键环节。当发生危险化学品事故时,现场人员必须根据各自企业制定的事故预案采取抑制措施,尽量减少事故的蔓延,同时向有关部门报告。事故主管领导人应根据事故地点、事态的发展决定应急救援形式:是单位自救还是采取社会救援。对于那些重大的或灾难性的化学事故以及依靠本单位力量不能控制或不能及时消除事故后果的化学事故,应尽早争取社会支援,以便尽快控制事故的发展。

为了做好事故的报警工作,各企业应做好以下方面的工作:建立合适的报警反应系统;各种通信工具应加强日常维护,使其处于良好状态;制定标准的报警方法和程序;联络图和联络号码要置于明显位置,以便值班人员熟练掌握;对工人进行紧急事态时的报警培训,包括报警程序与报警内容。

2) 出动应急救援队伍

各主管单位在接到事故报警后,应迅速组织应急救援专业队赶赴现场,在做好自身防护的基础上,快速实施救援,控制事故发展,并将伤员救出危险区域和组织群众撤离、疏散,做好危险化学品的清除工作。

等待急救队或外界的援助会使微小事故变成大灾难,因此,每个职工都有化学事故应急救援的责任,应按应急计划接受基本培训,在发生危险化学品事故时采取正确的行动。

3) 紧急疏散

紧急疏散主要包括建立警戒区域和紧急疏散两个方面。

(1) 建立警戒区域

事故发生后,应根据危险化学品泄漏的扩散情况或火焰辐射热所涉及的范围建立警戒区,并在通往事故现场的主要干道上实行交通管制。建立警戒区域时应注意:警戒区域的边界应设警示标志,并有专人警戒;除消防、应急处理人员以及必须坚守岗位的人员外,其他人员禁止进入警戒区;泄漏溢出的危险化学品为易燃品时,区域内应严禁火种。

(2) 紧急疏散

紧急疏散是指迅速将警戒区及污染区内与事故应急处理无关的人员撤离,以减少不必要的人员伤亡。

紧急疏散时应注意:如事故物质有毒,需要佩戴个体防护用品或采用简易有效的防护措施,并有相应的监护措施;应向上风方向转移;明确专人引导和护送疏散人员到安全区,并在疏散或撤离的路线上设立哨位,指明方向;不要在低洼处滞留;要查清是否有人留在污染区与着火区;为使疏散工作顺利进行,每个车间应至少有两个畅通无阻的紧急出口,并有明显标志。

4) 现场急救

对受伤人员进行现场急救。在事故现场,危险化学品对人体可能造成的伤害为中毒、窒息、冻伤、化学灼伤、烧伤等,进行急救时,不论是患者还是救援人员都需要进行适当的防护。

5) 事故应急处理

事故应急处理主要包括火灾事故的应急处理、爆炸事故的应急处理、泄漏事故的应急处理和中毒事故的应急处理。

(1) 火灾事故的应急处理

处理危险化学品火灾事故时,首先应该进行灭火。灭火对策如下。

①扑灭初期火灾。在火灾尚未扩大到不可控制之前,应使用适当的移动式灭火器来控制火灾。迅速关闭火灾部位的上、下游阀门,切断进入火灾事故地点的一切物料,然后立即启用现有的各种消防装备扑灭初期火灾和控制火源。

②对周围设施采取保护措施。为防止火灾危及相邻设施,必须及时采取冷却保护措施,并迅速疏散受火势威胁的物资。有的火灾可能造成易燃液体外流,这时可用沙袋或其他材料筑堤拦截流淌的液体或挖沟导流,将物料导向安全地点。必要时用毛毡、海草帘堵住下水井、阴井口等处,防止火焰蔓延。

③火灾扑救。扑救危险化学品火灾决不可盲目行动,应针对每一类化学品选择正确的灭火剂和灭火方法。必要时采取堵漏或隔离措施,预防次生灾害扩大。当火势被控制以后,仍然要派人监护,清理现场,消灭余火。

几种特殊化学品的火灾扑救注意事项如下。

①扑救液化气体类火灾,切忌盲目扑灭火势,在没有采取堵漏措施的情况下,必须保持稳定燃烧。否则,大量可燃气体泄漏出来与空气混合,遇点火源就会发生爆炸,后果将不堪设想。

②对于爆炸物品火灾,切忌用沙土盖压,以免增强爆炸物品爆炸时的威力;扑救爆炸物品堆垛火灾时,水流应采用吊射,避免强力水流直接冲击堆垛,以免堆垛倒塌引起再次爆炸。

③对于遇湿易燃物品火灾,绝对禁止用水、泡沫、酸碱等湿性灭火剂扑救。

④氧化剂和有机过氧化物的灭火比较复杂,应针对具体物质具体分析。

⑤扑救毒害品和腐蚀品的火灾时,应尽量使用低压水流或雾状水,避免腐蚀品、毒害品溅出;遇酸类或碱类腐蚀品,最好调制相应的中和剂稀释中和。

⑥易燃固体、自燃物品一般都可用水和泡沫扑救,只要控制住燃烧范围,逐步扑灭即可。但有少数易燃固体、自燃物品的扑救方法比较特殊。如 2,4-二硝基苯甲醚、二硝基

萘、荼等是易升华的易燃固体,受热放出易燃蒸气,能与空气形成爆炸性混合物,尤其在室内,易发生爆燃,在扑救过程中应不时向燃烧区域上空及周围喷射雾状水,消除周围的一切火源。

(2) 爆炸事故的应急处理

爆炸事故发生时,一般应采取以下基本对策。

①迅速判断和查明再次发生爆炸的可能性和危险性,紧紧抓住爆炸后和再次发生爆炸之前的有利时机,采取一切可能的措施,全力制止再次发生爆炸。

②切忌用沙土盖压,以免增强爆炸物品爆炸时的威力。

③如果有疏散的可能,人身安全上确有可靠保障,应迅速组织力量及时疏散着火区域周围的爆炸物品,使着火区周围形成一个隔离带。

④扑救爆炸物品堆垛时,水流应采用吊射,避免强力水流直接冲击堆垛,以免堆垛倒塌引起再次爆炸。

⑤灭火人员应尽量利用现场现成的掩蔽体或尽量采用卧姿等低姿射水,尽可能地采取自我保护措施。消防车辆不要停靠在离爆炸物品太近的水源。

⑥灭火人员发现有发生再次爆炸的危险时,应立即向现场指挥报告,现场指挥应迅速做出准确判断,确有发生再次爆炸的征兆或危险时,应立即下达撤退命令。灭火人员看到或听到撤退信号后,应迅速撤至安全地带,来不及撤退时,应就地卧倒。

(3) 泄漏事故的应急处理

进入泄漏事故现场时,要做好如下安全防护措施。

①进入现场的救援人员必须配备必要的危险化学品应急救援防护器具。

②如果泄漏物是易燃易爆的,事故中心区应严禁火种,切断电源,禁止车辆进入,立即在边界设置警戒线。根据事故情况和事故发展,确定事故波及区,安排人员撤离。

③如果泄漏物是有毒的,应使用专用防护服、隔绝式空气面具。

④应急处理时,严禁单独行动,要有监护人,必要时用水枪、水炮掩护。

对泄漏源的控制措施如下。

①控制泄漏源可关闭阀门,停止作业或改变工艺流程,物料走副线,局部停车,打循环,减负荷运行等。

②堵漏。采用合适的材料和技术手段堵住泄漏处。

对泄漏物的处理措施如下。

①围堤堵截。筑堤堵截泄漏液体或者将其引流到安全地点。储罐区发生液体泄漏时,要及时关闭雨水阀,防止物料沿明沟外流。

②稀释与覆盖。向有害物蒸气云喷射雾状水,加速气体向高空扩散。对于可燃物,也可以在现场施放大量水蒸气或氮气,破坏燃烧条件。对于液体泄漏,为降低物料向大气中的蒸发速度,可用泡沫或其他覆盖物品覆盖外泄的物料,在其表面形成覆盖层,抑制其蒸发。

③收集。对于大型泄漏,可选择用隔膜泵将泄漏出的物料抽入容器内或槽车内;当

泄漏量小时，可用沙子、吸附材料、中和材料等吸收中和。

④废弃。将收集的泄漏物运至废物处理场所处理。用消防水冲洗剩下的少量物料，冲洗水排入污水系统处理。

此外，应努力减轻泄漏危险化学品的毒害。参加危险化学品泄漏事故处理的车辆应停于上风方向，消防车、洗消车、洒水车应在保障供水的前提下，从上风向喷射开花或喷雾水流对泄漏出的有毒有害气体进行稀释、驱散；对泄漏的液体有害物质可用沙袋或泥土筑堤拦截，或开挖沟坑导流、蓄积，还可向沟、坑内投入中和（消毒）剂，使其与有毒物直接起氧化、氯化作用，从而使有毒物改变性质，成为低毒或无毒的物质。

在处理泄漏物的同时，应做好现场检测工作。应不间断地对泄漏区域进行定点与不定点检测，以及时掌握泄漏物质的种类、浓度和扩散范围，恰当地划定警戒区（如果泄漏物质是易燃易爆物质，警戒区内应禁绝烟火，而且不能使用非防爆电器，也不准使用手机、对讲机等非防爆通信装备），并为现场指挥部的处理决策提供科学的依据。为了保证现场检测的准确性，泄漏事故发生地政府应迅速调集环保、卫生部门和消防特勤部队的检测人员和设备共同搞好现场检测工作。若有必要，还可按程序请调军队的防化部队增援。

(4) 中毒事故的应急处理

发生毒物泄漏事故时，现场人员应分头采取以下措施：按报送程序向有关部门领导报告；通知停止周围一切可能危及安全的动火、产生火花的作业，消除一切火源；通知附近的无关人员迅速离开现场，严禁闲人进入毒区等。进行现场急救的人员应遵守下列规定。

①参加抢救的人员必须听从指挥，抢救时必须分组有序进行，不能慌乱。

②救护者应做好自身防护，戴防毒面具或氧气呼吸器、穿防毒服后，从上风向快速进入事故现场。进入事故现场后必须简单了解事故情况及引起伤害的物料，清点现场人数，严防遗漏。

③迅速将伤者从上风向转移到空气新鲜的安全地方。转移过程中应注意：移动病人时应用双手托移，动作要轻，不可强拖硬拉；应用担架、木板、竹板抬送伤员；转移过程中应保持呼吸道畅通，去除领带，解开领扣和裤带，下颌抬高，头偏向一侧，清除口腔内的污物；救护人员在工作时，应注意检查个人危险化学品应急救援防护装备的使用情况，如发现异常或感到身体不适要迅速离开染毒区。

④假如有多个中毒或受伤的人员被送到救护点，应立即在现场按下列原则进行急救：救护点应设在上风向、交通便利的非污染区，但不要远离事故现场，尽可能保证有水、电来源；救护人员应通过"看、听、摸、感觉"的方法来检查伤者有无呼吸和心跳，看有无呼吸时的胸部起伏，听有无呼吸的声音，摸颈动脉或肱动脉有无搏动，感觉病人是否清醒；遵循"先救命、后治病、先重后轻、先急后缓"的原则，分类对患者进行救护。

8.4 危险化学品事故现场救护技术

现场救护是指在事发现场对伤员实施及时、有效的初步救护,是立足于现场的抢救。事故发生后的几分钟、十几分钟是抢救危重伤员最重要的时刻,医学上称之为"救命的黄金时刻"。在此时间内,抢救及时、正确,生命有可能被挽救;反之,可能会生命丧失或病情加重。现场及时、正确的救护,能为医院救治创造条件,最大限度地挽救伤员的生命和减轻伤残。在事故现场,"第一目击者"应对伤员实施有效的初步紧急救护措施,以挽救生命,减轻伤残和痛苦。然后,在医疗救护下运用现代救援服务系统,将伤员迅速就近送到医疗机构,继续进行救治。

8.4.1 现场救护时伤情判断

在进行现场救护时,抢救人员要发扬救死扶伤的人道主义精神,要在迅速通知医疗急救单位前来抢救的同时,沉着、灵活、迅速地开展现场救护工作。遇到大批伤员时,要组织群众进行自救互救。在急救中要坚持先抢后救、先重后轻、先急后缓的原则,对大出血、神志不清、呼吸异常或呼吸停止、脉搏微弱或心跳停止的危重伤病员,要先救命后治伤。对多处受伤的伤员一般要先维持呼吸道通畅、止住大出血、处理休克和内脏损伤,然后处理骨折,最后处理伤口,分清轻重缓急,及时开展抢救。常用的生命指征有以下方面。

1)神志

伤病员对问话、拍打、推动等外界刺激无反应,表示伤病员已意识不清或丧失意识,病情危重。

2)呼吸

正常人呼吸 $16\sim18$ 次·min^{-1},生命垂危时呼吸变快,变浅,不规则。临死前呼吸变慢,不规则,甚至呼吸停止。

3)血液循环

正常人心跳男性为 $60\sim80$ 次·min^{-1},女性为 $70\sim90$ 次·min^{-1},严重创伤(如大出血)时心跳快而弱,脉搏细而速,死亡时则心跳停止。

4)瞳孔

正常时两眼瞳孔等大等圆,遇光则迅速缩小,危重伤病员两瞳孔不等大等圆,或缩小或扩大或偏斜,对光刺激无反应。

呼吸停止、心跳停止、双侧瞳孔固定散大是死亡的三大特征。出现尸斑则为不可逆的死亡。判断创伤的程度,一般来说,轻伤是指人体仅有局部组织的擦伤或皮下血肿等轻微的损伤。重伤是指人体有骨折、内脏损伤、大面积或特殊部位烧(烫)伤、严重的挤压伤等单一或多项同时存在的损伤。危重伤是指伤病员有大出血(包括内出血)或重度脑外伤等引起昏迷、休克、呼吸心跳骤停等。现场抢救要准确判断外伤的轻重,坚持先重后轻,先急后缓的原则。

为有效实施现场救护,应掌握心肺复苏、止血、包扎、搬运等通用现场急救技术。

8.4.2 心肺复苏术

心肺复苏术是用于呼吸和心跳突然停止、意识丧失病人的一种现场急救方法。其目的是通过口对口吹气和胸外心脏按压来向患者提供最低限度的脑供血。呼吸心跳骤停,医学上叫猝死,多见于冠心病、溺水、电击、雷击、严重创伤、大出血等病人,多发生在公共场所、家庭和工作单位,来不及送医院抢救。在发病 4 min 内进行正确有效的心肺复苏术,能救活多数的猝死病人。因此,让更多的人掌握现场心肺复苏术,具有很大的社会意义。

1) 呼吸复苏术

人工呼吸是用人工方法(手法或机械)借外力来推动肺、膈肌及胸廓的运动,使气体被动进入或排出肺脏,以保证机体氧气的供给及二氧化碳的排出。人工呼吸是对呼吸受到抑制或呼吸突然停止的危重病人的首要抢救措施之一。其步骤如下。

(1) 手法打开气道

①仰面抬颈法。为病人除去枕头,抢救者位于病人一侧,一手置于病人前额向后加压使头后仰,另一手托住颈部向上抬颈。

②仰面举颏法。抢救者位于病人一侧,一手置于病人前额向后加压使头后仰,另一手(除拇指外)的手指置于下颏外之下颌骨上,将颏部上举。注意勿压迫颌下软组织,以免压迫气道。

③托下颌法。抢救者位于病人头侧,两肘置于病人背部同一水平面上,用双手抓住病人两侧的下颌角向上牵拉,使下颌向前,头后仰,同时两拇指可将下唇下拉,使口腔通畅。

(2) 人工呼吸法

①口对口人工呼吸。抢救者以置于前额处手的拇指、食指轻轻捏住病人的鼻孔,深吸一口气,将嘴张大,用口唇包住病人口部,用力将气体吹入,每次吹气后即将捏鼻的手指放松,同时将头转向病人胸部,以吸入新鲜空气并观察病人被动呼气情况,如图 8-1 所示。为防止病人肺泡萎缩,在开始人工呼吸时,要快速足量连续向肺内吹气 4 口,且在第 2、3、4 次吹气时,不必等待呼气结束。吹气频率成人 14 ~ 16 次·min^{-1},儿童 18 ~ 20 次·min^{-1},婴幼儿 30 ~ 40 次·min^{-1}。

②口对鼻人工呼吸。此方法适用于口部外伤或张口困难的病人。抢救者一手将病人的额向后推,另一手将颏部上抬,使上下唇闭拢,抢救者深吸一口气用口唇包住病人鼻孔,用力吹气。吹气后放开病人口唇使气呼出。其余操作与口对口吹气相同,但吹气阻力较口对口为大。

人工呼吸有效的指征是看到病人胸部起伏,呼气时听到或感到病人有气体逸出。

8 危险化学品事故应急救援

仰头抬颏体位时的口对口吹气　　仰头托颌体位时的口对口吹气　　仰头抬颈体位时的口对口吹气

图 8-1　口对口人工呼吸示意

2) 胸外心脏按压术

胸外心脏按压的目的是通过胸外心脏按压形成胸腔内外的压差,维持血液循环的动力。

(1) 病人体位

病人仰卧于硬板床或地面上,头部与心脏在同一水平,以保证脑血流量。如有可能,应抬高下肢,以增加回心血量。

(2) 抢救者体位

紧靠病人胸部一侧,为保证按压力垂直作用于病人的胸骨,抢救者应根据抢救现场的具体情况,采用站立在地面或脚凳上或采用跪式等体位。

(3) 按压部位

按压部位在胸骨下 1/3 段。确定部位用以下方法:抢救者用靠近病人足侧一手的食指和中指确定近侧肋骨下缘,然后沿肋弓下缘上移至胸骨下切迹,将中指紧靠胸骨切迹(不包括剑突)处,食指紧靠中指。将另一手的掌根(长轴与病人胸骨的长轴一致)紧靠前一手的食指置于胸骨上。然后,将前一手置于该手的手背上,两手平行重叠,手指并拢、分开或互握均可,但不得接触胸壁。按压部位确定及按压作用力方向如图 8-2 所示。

(4) 按压方法

抢救者双肘伸直,借身体和上臂的力量向脊柱方向按压,使胸廓下陷 3.8~5 cm,然后迅速放松,解除压力,让胸廓自行复位,使心脏舒张,如此有节奏地反复进行。按压与放松的时间大致相等,放松时掌根部不得离开按压部位,以防位置移动,但放松应充分,以利血液回流。按压频率为 80~100 次·min^{-1}(婴幼儿及新生儿 100 次·min^{-1})。

(5) 按压与通气的协调

一人操作,即现场只有一人抢救时,吹气与按压之比为 2∶15,即连续吹气 2 次,按压 15 次,两次吹气间不必等第一口气完全呼出。2 次吹气的总时间应在 4~5 s 之内。

两人操作,即现场有两人抢救时,负责按压者位于病人一侧胸旁,另一人位于同侧头旁,负责疏通气管和吹气,同时也负责监测颈动脉的搏动。吹气与按压之比为 1∶5,为避免抢救者疲劳,二人工作可互换,调换应在完成一组 5∶1 的按压吹气后的间隙进行。在按压过程中可暂停按压,以核实病人是否恢复自主心搏。但核实过程和抢救者调换所用

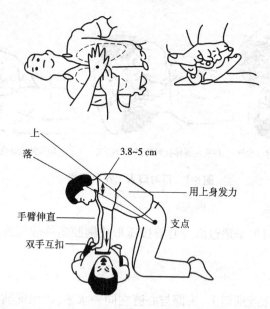

图 8-2 按压部位确定及按压作用力方向示意

时间均不应使按压中断 5 s 以上。

3) 进行心肺复苏术的注意事项

① 口对口吹气和胸外心脏按压应同时进行（可单人或双人同时进行），按压与吹气的比例为单人抢救 15∶2，双人抢救 5∶1。即吹气 2 次（单人）或 1 次（双人），胸外心脏按压 15 次（单人）或 5 次（双人），吹气与按压的次数过多或过少，均会影响复苏的成败。

② 胸外按压的部位不宜过低，以免损伤肝、脾、胃等内脏。按压的力量要适宜，过猛过大会使胸骨骨折，带来气胸、血胸；按压过轻，形成的胸腔压力过小，不足以推动血液循环。

③ 口对口的吹气不宜过大（不应超过 1 200 mL），吹入时间不宜过长，以免发生急性胃扩张。吹气过程中要注意观察病人气道是否通畅，胸腔是否被吹起。

④ 复苏的成功与终止。进行心肺复苏术后，病人瞳孔由大变小，对光的反应恢复，脑组织功能开始恢复（如病人挣扎、肌张力增强、有吞咽动作等），能自主呼吸，心跳恢复，紫绀消退等，可认为心肺复苏成功。若经过约 30 min 的心肺复苏抢救，不出现上述复苏的表现，预示复苏失败。若有脉搏，收缩压保持在 60 mmHg 以上，瞳孔处于收缩状态，应继续进行心肺复苏抢救。如病人深度意识不清，缺乏自主呼吸，瞳孔散大固定，表明脑死亡。心肺复苏持续 1 h 之后，心电活动不恢复，表示心脏死亡。患者出现尸斑时，可放弃心肺复苏抢救。

8.4.3 止血术

一个成人的血量为 5 000 ~ 6 000 mL。如果失去血量的 1/4 ~ 1/3，就有生命危险。因此，当外伤大出血时，必须迅速采取止血措施。止血越及时，伤亡的可能性就越小。

1) 止血材料

常用的止血材料有无菌敷料、粘贴创可贴和止血带等。另外,还可就地取材用三角巾、毛巾、布料、衣物等折成三指宽的宽带。

2) 止血方法

动脉出血时,在出血的动脉血管上方压住动脉血管;静脉出血,在出血的静脉血管下方加压即可;毛细血管出血,在出血处加压包扎即可。

(1) 加压包扎止血法

静脉、毛细血管或小动脉出血时,用消毒纱布垫或干净毛巾、布片折成比伤口稍大些的垫,覆盖住伤口,然后用三角巾或绷带用力包扎,松紧适度。

(2) 指压止血法

较大的动脉出血,临时用手指或手掌压迫伤口靠心脏方向的一侧,将动脉压向深部的骨头上,阻止血液流动,可达临时止血目的。这是简便有效的紧急止血方法。

(3) 强屈关节止血法

屈肢加垫止血,用纱布、棉花或其他布类做成垫子放在关节屈面,然后使关节强屈,压住关节屈侧动脉,再缠绕固定,如图8-3所示。头皮出血,用棉花、绷带或三角巾做成环形垫,套在伤口上面,然后用绷带或三角巾包扎,再将一条三角巾折成条状,由头颈拉向下颌包扎。

(4) 止血带止血法

四肢较大的动脉出血,一般采用勒紧、绞紧止血带止血等方法。

①棉布类止血带止血法。将绷带、带状布条或三角巾叠成带状,在伤口近端,勒紧止血,如图8-4和图8-5所示。

图8-3 强屈关节止血法

图8-4 棉布类止血带止血法(1):第一道缠绕为衬垫

图8-5 棉布类止血带止血法(2):第二道压在第一道上面,适当勒紧

②橡皮止血带止血法有指根部橡皮止血带止血和上下肢橡皮止血带止血两种方法。

指根部橡皮止血带止血法是把废手术乳胶手套袖口处的皮筋剪取后清洗,置于75%的酒精内备用;指根部衬垫两层窄纱布,然后将橡皮筋环状交叉于纱布上,同时用止血钳适度夹紧交叉处,但不得过紧以免影响动脉血流,如图8-6所示。

上下肢橡皮止血带止血法是将橡皮止血带适当拉紧、拉长,绕肢体2~3周。橡皮带末端紧压在橡皮带的另一端上,如图8-7和图8-8所示。

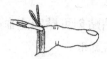

图 8-6 指根部橡皮止血带止血法

图8-7 上下肢橡皮止血带止血法(1)：将橡皮止血带中的一段适当拉紧、拉长，绕肢体 2~3 周

图8-8 上下肢橡皮止血带止血法(2)：将橡皮带末端紧压在橡皮带的另一端上

使用止血带时的注意事项有以下几点。

①上止血带的部位要准确，缠在伤口的近端。上肢在上臂 1/3 处、下肢在大腿中上段、手指在指根部。止血带与皮肤之间应加衬垫。

②止血带松紧要合适，以远端出血停止、不能摸到动脉搏动为宜。过松动脉供血未压住，静脉回流受阻，反使出血加重；过紧容易发生组织坏死。

③用止血带时间不能过久，要记录开始时间，一般不超过 1~1.5 h 放松 1 次，使血液流通 5~10 min。

8.4.4 包扎术

为防止开放性创伤受污染，要及时包扎伤口。伤口应全部覆盖，尽可能做到无菌操作。包扎技术有以下几种。

1）三角巾包扎法

三角巾可折成条带状、燕尾巾、连双燕尾巾等形状。该法有制作简单、使用方便、容易掌握及包扎面积大的优点，如图 8-9 所示。

图 8-9 三角巾

三角巾头顶部包扎法如图 8-10 和图 8-11 所示。具体方法为三角巾底边的正中方在眉间上部，顶角经头顶垂向枕后，两底角经两耳上缘向后拉，两底角压住顶角在枕后交叉，再经耳上到额部拉紧打结，最后将顶角向上反折嵌入底边或用安全针固定。

图 8-10　三角巾头顶部包扎法(1)　　　　　图 8-11　三角巾头顶部包扎法(2)

三角巾面部包扎法如图 8-12 和图 8-13 所示。具体方法为三角巾打结,套住下颌,底边拉向头后,两底角向后上拉紧。底角左右交叉压住底边,再经两耳上方绕至前额打结,包扎完后在眼、鼻、口处提起布巾剪洞口。

图 8-12　三角巾面部包扎法(1)　　　　　图 8-13　三角巾面部包扎法(2)

三角巾单肩包扎法如图 8-14 所示。具体方法为正面观三角巾折成燕尾,夹角朝上放在肩部,向后一角稍大于向前一角并压住向前一角,燕尾底边包绕上臂上半部打结,两燕尾分别经胸前后拉到对侧腋下打结。

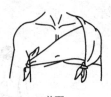 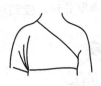

前面　　　　　　　　　　　背面

图 8-14　三角巾单肩包扎法

三角巾双肩包扎法如图 8-15 和图 8-16 所示。具体方法为三角巾折成燕尾,燕尾角等大,夹角朝上,对准颈后正中,披在双肩上。燕尾过肩由前往后包肩至腋下,与燕尾底边相遇打结。

图 8-15　三角巾双肩包扎法(1)　　　　　图 8-16　三角巾双肩包扎法(2)

三角巾胸部包扎法如图 8-17 和图 8-18 所示。具体方法为三角巾盖在伤侧，顶角绕过伤肩到背后，底边包胸到背后，两角相遇打结，再与顶角相连。

图 8-17　三角巾胸部包扎法(1)　　　　　　　　图 8-18　三角巾胸部包扎法(2)

三角巾腹部包扎法如图 8-19 和图 8-20 所示。具体方法为三角巾折成燕尾，前角大于后角并压住后角，夹角朝下，底边系带围腰打结，前角经两腿之间向后拉，两角包绕大腿根部打结。

图 8-19　三角巾腹部包扎法(1)　　　　　　　　图 8-20　三角巾腹部包扎法(2)

三角巾单臀包扎法如图 8-21 和图 8-22 所示。具体方法为三角巾折成燕尾，底边包绕伤侧大腿打结，两燕尾分别过腰到对侧髂骨上打结。

图 8-21　三角巾单臀包扎法(1)　　　　　　　　图 8-22　三角巾单臀包扎法(2)

三角巾双臀包扎法如图 8-23 至图 8-25 所示。具体方法为两条三角巾顶角打结，放在腰骶部正中，上面两底角从后绕到腹部打结，下面两底角从大腿内侧向前拉，在腹股沟处与三角巾底边打纽扣结。

三角巾上肢包扎法如图 8-26 和图 8-27 所示。具体方法为三角巾一底角打结后套在伤手上，另一底角经后背拉到对侧肩上，顶角包绕上肢，前臂屈至胸前，两底角相遇打结。

三角巾手足包扎法如图 8-28 和图 8-29 所示。具体方法为手(足)心放在三角巾上，指(趾)指向顶角，顶角翻折盖住手(足)背，两底角拉向手(足)背，左右交叉后压顶角，绕手腕(足踝)部打结。

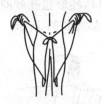  

图8-23 三角巾双臀包扎法(1)　　图8-24 三角巾双臀包扎法(2)　　图8-25 三角巾双臀包扎法(3)

 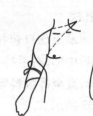

图8-26 三角巾上肢包扎法(1)　　图8-27 三角巾上肢包扎法(2)

图8-28 三角巾手足包扎法(1)　　图8-29 三角巾手足包扎法(2)

2) 绷带包扎法

绷带一般用纱布切成长条制成,呈卷轴带。绷带长度和宽度有多种,适合不同部位使用。

绷带包扎一般用于四肢、头部和肢体粗细相同的部位。操作时先在创口上覆盖消毒纱布,救护人员位于伤员的一侧,左手拿绷带头,右手拿绷带卷,从伤口低处向上包扎伤臂或伤腿,要尽量暴露手指尖和脚趾尖,以观察血液循环状况。如指尖和脚趾尖呈现青紫色,应立即放松绷带。包扎太松,容易滑落,使伤口暴露造成污染。因此,包扎时应以伤员感到舒适、松紧适当为宜。绷带包扎有以下几种方法。

(1) 环形包扎法

环形包扎法是绷带包扎中最常用的,适用于肢体粗细较均匀处伤口的包扎。首先用无菌敷料覆盖伤口,用左手将绷带固定在敷料上,右手持绷带卷绕肢体紧密缠绕;然后将绷带打开一端稍作斜状环绕第一圈,将第一圈斜出一角压入环行圈内,环绕第二圈;加压绕肢体环形缠绕4~5层,每圈盖住前一圈,绷带缠绕范围要超出敷料边缘;最后用胶布粘贴固定或将绷带尾从中央纵向剪开形成两个布条,两布条先打一结,然后绕肢体打结固定,如图8-30所示。

(2) 螺旋形包扎法

此方法适用于上肢、躯干的包扎。操作时首先用无菌敷料覆盖伤口,环形包扎数圈,然后将绷带渐渐地斜旋上升缠绕,每圈盖过前圈1/3或2/3成螺旋状,如图8-31所示。

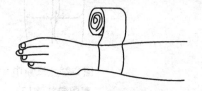

图8-30 环形包扎法

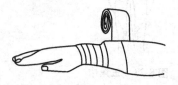

图8-31 螺旋形包扎法

(3) 回返绷带包扎法

此方法用于头部或断肢伤口包扎。首先用无菌敷料覆盖伤口,然后环形固定两圈,左手持绷带一端于头后中部,右手持绷带卷从头后方到前额;再固定前额处绷带向后反折;反复呈放射性反折,直至将敷料完全覆盖;最后环形缠绕两圈,将上述反折绷带端固定,如图8-32和图8-33所示。

图8-32 回返绷带包扎法(1)

图8-33 回返绷带包扎法(2)

(4) "8"字形包扎法

此方法用于手掌、踝部和其他关节处伤口的包扎,选用弹力绷带。首先用无菌敷料覆盖伤口,包扎手时从腕部开始,先环形缠绕两圈,然后经手和腕"8"字形缠绕,最后绷带尾端在腕部固定;包扎关节时绕关节上下"8"字形缠绕,如图8-34所示。

(5) 螺旋反折绷带包扎法

先用环形法固定一端,再按螺旋法包扎,每周反折一次,反折时以左手拇指按住绷带上面正中处,右手将绷带向下反折,并向后绕,同时拉紧。这种包扎法主要用于粗细不等的部位,如小腿、前臂等处,如图8-35所示。

8 危险化学品事故应急救援

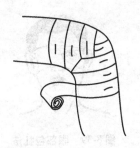

图 8-34 "8"字形包扎法

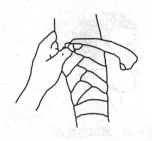

图 8-35 螺旋反折绷带包扎法

3) 多头带包扎法

这种包扎法用于人体不易包扎和面积过大的部位,常用的包扎法有四头带包扎法、腹部包扎法和胸部包扎法。

(1) 四头带包扎法

用长方形布料一块,大小视需要而定,将长的两端剪开到适当部位,经消毒处理后制成四头带。具体包扎法包括以下四种。

①下颌包扎法。将四头带中央部分托住下颌,上位两端在颈后打结,下位两端在头顶部打结,如图 8-36 所示。

②头部包扎法。将四头带中央部分盖住头顶,前位两端在枕后打结,后位两端在颌下打结,如图 8-37 所示。

③鼻部包扎法。将四头带中央部分盖住鼻部,上位两端在头顶斜上方打结,下位两端在颈后打结,如图 8-38 所示。

④眼部包扎法。将四头带中央部分盖住眼部,两端分别在颈后打结,如图 8-39 所示。

图 8-36 下颌包扎法

图 8-37 头部包扎法

(2) 腹部包扎法

用布料缝制腹带,大小视需要而定。中间为包腹带,两侧各有 5 条相互重叠的带脚,如图 8-40 所示。具体操作方法如下。

伤者平卧,包扎者将一侧带脚卷起,从伤者腰下递至对侧,第二位包扎者由对侧接过,将带脚拉直。将包腹带紧贴腹部包好,再将左右带脚依次交叉重叠包扎。创口在上腹部时,应由上而下包扎;创口在下腹部时,应由下向上包扎。最后在中腹部打结或以别针固定,如图 8-41 所示。

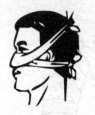

图 8-38 鼻部包扎法

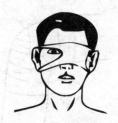

图 8-39 眼部包扎法

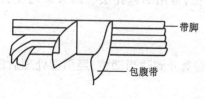

图 8-40 腹带

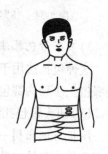

图 8-41 腹带包扎法

(3) 胸部包扎法

胸带材料同腹带，但比腹带多两条竖带，如图 8-42 所示。操作方法是先将两竖带从颈两侧拉下置于胸前，再包扎胸带与带脚，如图 8-43 所示。

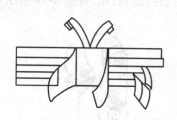

图 8-42 胸带

图 8-43 胸带包扎法

在包扎时，须注意以下事项。

① 包扎时尽可能戴上医用手套，如无医用手套，要用敷料、干净布片、塑料袋、餐巾纸做隔离层。

② 如必须用裸露的手进行伤口处理，在处理完成后，要用肥皂洗手。

③ 除化学伤外，伤口一般不用水冲洗，也不要在伤口上涂消毒剂或消炎粉。

④ 不要对嵌有异物或骨折断端外露的伤口直接包扎。

8.4.5 固定术

多数骨折伤员需要临时固定,以避免骨折断端再移位或损伤周围重要脏器、神经、血管等组织。固定术可减少受伤部位的疼痛和便于搬运。

1)器械与材料

所需材料为夹板、绷带、三角巾等。四肢骨折脱位需特制的木夹板,如临时没有特制的木夹板可就地取材,使用硬纸板、木板条,甚至书本、树枝等。

2)操作方法

(1)前臂骨折临时固定术

先将两块相应大小的夹板置于前臂掌背侧,绑扎固定。然后用三角巾将前臂悬吊于胸前,如图8-44所示。

(2)上臂骨折临时固定术

将两块相应大小的夹板置于上臂内外侧,绑扎固定。然后用三角巾将前臂悬吊于胸前,如图8-45所示。

(3)大腿骨折临时固定术

将一块从足跟到腋下的长夹板置于伤肢外侧,将另一块从大腿根部到膝下的夹板置于伤肢内侧,绑扎固定,如图8-46所示。

图8-44 前臂骨折临时固定

图8-45 上臂骨折临时固定

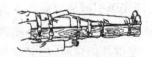
图8-46 大腿骨折临时固定

(4)小腿骨折临时固定术

将两块等长的夹板置于足跟到大腿内、外侧绑扎固定,如图8-47所示。若现场无夹板亦可将伤肢同侧绑扎在一起,如图8-48所示。

图8-47 小腿骨折临时固定(1)

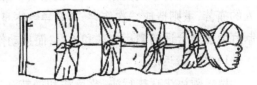
图8-48 小腿骨折临时固定(2)

(5)颈椎骨折临时固定术

先于枕部轻轻放置薄软枕一个,然后再用软枕或沙袋固定头两侧。头部用布带与担架固定,如图8-49和图8-50所示。

图8-49 颈椎骨折临时固定(1)

图8-50 颈椎骨折临时固定(2)

(6)腰椎骨折临时固定术

伤员平卧于板床上,在腰下垫以软枕。若需长距离运送最好先以石膏固定,如图8-51所示。

图8-51 腰椎骨折临时固定

3)注意事项

①闭合性骨折,在固定前若发现伤肢有严重畸形,骨折端顶压皮肤,远端有血运障碍,应先牵引肢体以解除压迫或尖端刺激的危险,然后再予固定。开放性骨折,若骨折端突出于伤口外,清创前不能纳入伤口内。

②绑扎固定时,松紧度要适中,过紧会影响到肢体远端血运,过松则达不到固定作用。

8.4.6 搬运

搬运是指用人工或简单的工具将伤员从受伤现场转移到能够治疗的场所,或经过现场救治的伤员转移到运输工具上的过程。搬运时,如方法和工具选择不当,轻则加重病人的痛苦,重则造成二次伤害,甚至导致终身瘫痪。搬运要根据不同的伤员和病情,因地制宜地选择合适的搬运方法和工具,而且动作要轻、要快。

1)单人搬运法

单人搬运法有扶行法、背负法和抱持法等。扶行法适用于清醒的伤者或没有骨折、伤势不重、能自己行走的伤者。救护者站在伤者身旁,将其一侧上肢绕过救护者颈部,用手抓住伤者的手,另一只手绕到伤者背后,搀扶行走。背负法适用于老幼、体轻、清醒的伤者,如有上、下肢或脊柱骨折则不能用此方法。遇到这种情况,救护者须背向伤病者蹲下,让伤员将双臂从救护者肩上伸到胸前,两手紧握,救护者抓住伤者的大腿,慢慢站起来。抱持法适用于年幼或体轻、没有骨折、伤势不重的伤者,此方法是短距离搬运的最佳方法,如有脊柱或大腿骨折禁用此法。遇到这种情况,救护者须蹲在伤者的一侧,面向伤员,一只手放在伤者的大腿下,另一只手绕到伤者的背后,然后轻轻抱起伤者。扶行法、背负法和抱持法的示意见图8-52。

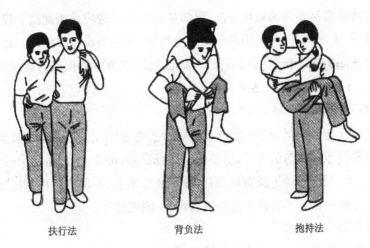

图8-52 单人搬运法

2) 双人搬运法

双人搬运法有轿杠式搬运法和双人拉车式搬运法。轿杠式搬运法适用于清醒的伤者。两名救护者面对面各自用右手握住自己的左手腕,再用左手握住对方右手腕,然后蹲下让伤者将两上肢分别放到两名救护者的颈后,再坐到相互握紧的手上。两名救护者同时站起,行走时同时迈出外侧的腿,保持步调一致。双人拉车式搬运法适用于意识不清的伤者。两名救护者一人站在伤者的背后将两手从伤者腋下插入,把伤者两前臂交叉于胸前,再抓住伤者的手腕,把伤者抱在怀里,另一人反身站在伤者腿侧,将伤者两腿抬起,两名救护者一前一后地行走。双人搬运法的示意如图8-53所示。

图8-53 双人搬运法

3) 多人搬运法

多人搬运法适用于脊柱受伤的伤员。两人专管头部的牵引固定,使头部始终保持与躯干成直线,维持颈部不动,两人托住臀背,两人托住下肢,协调地将伤员平直地放在担架上。六人也可分两排,面对站立,将伤员抱起。

4) 担架搬运法

担架搬运法是搬运伤员的最佳方法,重伤员长距离运送应采用此法。没有担架可用椅子、门板、梯子、大衣代替;也可用绳子和两条竹竿、木棍制成临时担架。运送伤员应将担架吊带扣好或固定好。伤员四肢不要太靠近边缘,以免附加损伤。运送时头在后、脚在前。

5) 脊柱骨折搬运法

对疑有脊柱骨折的伤员,应尽量避免脊柱骨折处移动,以免引起或加重脊髓损伤。搬运时应准备硬板床置于伤员身旁,伤员保持平直姿势,由 2~3 人将伤员轻轻推滚或平托到硬板床上。疑有颈椎骨折的伤员,需平卧于硬板床上,头两侧用沙袋固定,搬动时保持颈项与躯干长轴一致。不可让头部低垂、转向一侧或侧卧。

6) 搬运伤员的注意事项

① 搬运伤员之前要检查伤员的生命体征和受伤部位,重点检查伤员的头部、脊柱、胸部有无外伤,特别是颈椎是否受到损伤。

② 必须妥善处理好伤员。首先要保持伤员的呼吸道通畅,然后对伤员的受伤部位按照技术操作规范进行止血、包扎、固定。处理得当后,才能搬动。

③ 在人员、担架等未准备妥当时,切忌搬运。搬运体重过重和神志不清的伤员时,要考虑全面,防止搬运途中发生坠落、摔伤等意外。

④ 在搬运过程中要随时观察伤员的病情变化。重点观察呼吸、神志等,注意保暖,但不要将头面部包盖太严,以免影响呼吸。一旦在途中发生紧急情况,如窒息、呼吸停止、抽搐时,应停止搬运,立即进行急救处理。

⑤ 在特殊的现场,应按特殊的方法进行搬运。火灾现场,在浓烟中搬运伤员,应弯腰或匍匐前进;在有毒气泄漏的现场,搬运者应先用湿毛巾掩住口鼻或使用防毒面具,以免被毒气熏倒。

⑥ 搬运脊柱、脊髓损伤的伤员时,放在硬板担架上以后,必须将其身体与担架一起用三角巾或其他布类条带固定牢固,尤其颈椎损伤者,头颈部两侧必须放置沙袋、枕头、衣物等进行固定,限制颈椎各方向的活动,然后用三角巾等将前额连同担架一起固定,再将全身用三角巾与担架固定在一起。

思考题

1. 危险化学品事故具有哪些特点?

2. 危险化学品事故应急救援的基本任务是什么？
3. 危险化学品事故应急救援的基本形式有哪些？
4. 常用的生命指征有哪些？
5. 如何对泄漏物进行处理？

参考文献

[1] 蔡凤英,谈宗山,孟赫,等.化工安全工程[M].北京:科学出版社,2001.
[2] 刘铁民.注册安全工程师教程[M].徐州:中国矿业大学出版社,2008.
[3] 蒋军成.化工安全[M].北京:机械工业出版社,2008.
[4] Rijnmond Public Authority. Risk Analysis of Six Potentially Hazardous Industrial Objects in the Rijnmond Area, a Pilot Study[M]. Dordrecht:D. Reidel Publishing Co. , 1982.
[5] 公安部消防局危险化学品应急处置速查手册[M].北京:中国人事出版社,2002.
[6] 董文庚,苏照桂.氯气瞬间泄漏事故危害区域预测[M].北京:北京理工大学出版社,2005.
[7] 王凯全.化工安全工程学[M].北京:中国石化出版社,2007.
[8] 崔克清,张敬礼,陶刚.化工安全设计[M].北京:化学工业出版社,2004.
[9] DNV Consulting. New Generic Leak Frequencies for Process Equipment[R/OL]. Wiley InterScience,2005.
[10] 安尧.液体管道泄漏检测方案的选择[J].油气储运,2005(2):2.
[11] 常贵宁,刘吉东.工业泄漏与治理[M].北京:中国石化出版社,2002.
[12] 赵庆远.不停车带压堵漏技术[M].北京:中国石化出版社,2002.
[13] 中国安全生产协会注册安全工程师工作委员会.安全生产事故案例分析[M].北京:中国大百科全书出版社,2008.
[14] 中国安全生产协会注册安全工程师工作委员会.安全生产管理知识[M].北京:中国大百科全书出版社,2008.
[15] 中国安全生产协会注册安全工程师工作委员会.安全生产技术[M].北京:中国大百科全书出版社,2008.
[16] 李立明.最新实用危险化学品应急救援指南[M].北京:中国协和医科大学出版社,2003.
[17] 姜立准.粘接技术在带压堵漏中的应用[J].粘接,2004(3):03.
[18] 丹尼尔·A. 克劳尔,约瑟夫·F. 卢瓦尔.化工过程安全理论及应用[M].蒋军成,潘旭海,译.北京:化学工业出版社,2006.
[19] 蒋军成.化工安全[M].北京:中国劳动社会保障出版社,2008.
[20] 王凯全,邵辉,袁雄军.危险化学品安全评价方法[M].北京:中国石化出版社,2005.
[21] 周志俊.化学毒物危害与控制[M].北京:化学工业出版社,2007.
[22] 宋建池,范秀山,王训遒.化工厂系统安全工程[M].北京:化学工业出版社,2004.

[23] 周长江,王同义.危险化学品安全技术管理[M].北京:中国石化出版社,2004.
[24] 田震.化工过程安全[M].北京:国防工业出版社,2007.
[25] 何成江.影响空分装置安全的因素及有害杂质的清除[J].化学工业与工程技术,2008,29(1):37-38.
[26] 王静媛,邵之江,纪彭,等.基于动态主元分析的空分过程异常工况在线诊断[J].计算机与应用化学,2010,27(1):1-5.
[27] 毛绍融,朱朔元,周智勇.现代空分设备技术与操作原理[M].杭州:杭州出版社,2005.
[28] 严寿鹏.粗氢塔"氮塞"的分析及处理[J].深冷技术,2003(3):44-46.
[29] 葛晓军,周厚云,梁缙,等.化工生产安全技术[M].北京:化学工业出版社,2008.
[30] 施友立.过氧化氢浓缩装置工艺过程的优化[J].化工设计,2006,16(3):13-15.
[31] 蒋玉林,郭劲松,袁履冰.工业氧化过程中过氧化物的生成及其防治[J].天津化工,1991(1):1-3.
[32] 焦宇,熊艳.化工企业生产安全事故应急工作手册[M].北京:中国劳动社会保障出版社,2008.
[33] 林平,黄文宏,王慧君.过氧化氢生产装置爆炸——化学分解后的物理过程研究[J].中国安全生产科学技术,2008,4(3):71-74.
[34] 梁志宏,耿惠民.过氧化氢爆炸事故浅析[J].消防科学与技术,2004,(6):602-604.
[35] 樊晓华,韩雪萍.企业危险化学品事故应急工作手册[M].北京:中国劳动社会保障出版社,2008.
[36] 黄仲九,房鼎业.化学工艺学[M].北京:高等教育出版社,2008.
[37] 弗朗西斯·施特塞尔.化工工艺的热安全——风险评估与工艺设计[M].北京:科学出版社,2009.
[38] 周忠元,陈桂琴.化工安全技术与管理[M].北京:化学工业出版社,2001.
[39] 司恭,王建新.轻油裂解法生产氰化钠的安全问题[J].安全,2003(2):9-12.
[40] 董文庚,苏昭桂.化工安全工程[M].北京:煤炭出版社,2007.
[41] 崔政斌,吴进成.锅炉安全技术[M].北京:化学工业出版社,2009.
[42] 王德堂,孙玉叶.化工安全生产技术[M].天津:天津大学出版社,2009.
[43] 刘景良.化工安全技术[M].北京:化学工业出版社,2004.
[44] 朱宝轩,刘向东.化工安全技术基础[M].北京:化学工业出版社,2004.
[45] 许文.化学安全工程概论[M].北京:化学工业出版社,2008.
[46] 沈松泉,黄振仁,顾竟成.压力管道安全技术[M].南京:东南大学出版社,2000.
[47] 邓波桂芳.化工厂安全工程[M].李崇理,陈振兴,孙世杰,译,北京:化学工业出版社,1996.
[48] 冯肇瑞,杨有启.化工安全技术手册[M].北京:化学工业出版社,1998.
[49] 刘彦伟,朱兆华,徐丙根.化工安全技术[M].北京:化学工业出版社,2011.